ΣBEST
シグマベスト

最 高 水 準

問 題 集

中3数学

文英堂

本書のねらい

▶みなさんは，"定期テストでよい成績をとりたい"とか，"希望する高校に合格したい"と考えて毎日勉強していることでしょう。そのためには，どんな問題でも解ける最高レベルの実力を身につける必要があります。では，どうしたらそのような実力がつくのでしょうか。それには，よい問題に数多くあたって，自分の力で解くことが大切です。

▶この問題集は，最高レベルの実力をつけたいという中学生のみなさんの願いに応えられるように，次の3つのことをねらいにしてつくりました。

1 教科書の内容を確実に理解しているかどうかを確かめられるようにする。

2 おさえておかなければならない内容をきめ細かく分析し，問題を1問1問練りあげる。

3 最高レベルの良問を数多く収録し，より広い見方や深い考え方の訓練ができるようにする。

▶この問題集を大いに活用して，どんな問題にぶつかっても対応できる最高レベルの実力を身につけてください。

本書の特色と使用法

① すべての章を「標準問題」→「最高水準問題」で構成し，段階的に無理なく問題を解いていくことができる。

▶本書は，「標準」と「最高水準」の2段階の問題を解いていくことで，各章の学習内容を確実に理解し，無理なく最高レベルの実力を身につけることができるようにしてあります。
▶本書全体での「標準問題」と「最高水準問題」それぞれの問題数は次のとおりです。

標準問題……104題　　最高水準問題……98題

豊富な問題を解いて，最高レベルの実力を身につけましょう。
▶さらに，学習内容の理解度をはかるために，巻末に「実力テスト」を設けてあります。ここで学習の成果と自分の実力を診断しましょう。

②　「標準問題」で，各章の学習内容を確実におさえているかが確認できる。

▶「標準問題」は，各章の学習内容のポイントを1つ1つおさえられるようにしてある問題です。1問1問確実に解いていきましょう。各問題には［タイトル］がつけてあり，どんな内容をおさえるための問題かが一目でわかるようにしてあります。

▶どんな難問を解く力も，基礎学力を着実に積み重ねていくことによって身についてくるものです。まず，「標準問題」を順を追って解いていき，基礎を固めましょう。

▶その章の学習内容に直接かかわる問題に重要のマークをつけています。じっくり取り組んで，解答の導き方を確実に理解しましょう。

③　「最高水準問題」は各章の最高レベルの問題で，最高レベルの実力が身につく。

▶「最高水準問題」は，各章の最高レベルの問題です。総合的で，幅広い見方や，より深い考え方が身につくように，難問・奇問ではなく，各章で勉強する基礎的な事項を応用・発展させた質の高い問題を集めました。

▶特に難しい問題には，難マークをつけて，解答でくわしく解説しました。

④　「標準問題」には〈ガイド〉を，「最高水準問題」には〈解答の方針〉をつけてあり，基礎知識の説明と適切な解き方を確認できる。

▶「標準問題」には，ガイドをつけ，学習内容の要点や理解のしかたを示しました。

▶「最高水準問題」の下の段には，解答の方針をつけて，問題を解く糸口を示しました。ここで，解法の正しい道筋を確認してください。

⑤　くわしい〈解説〉つきの別冊解答。どんな難しい問題でも解き方が必ずわかる。

▶別冊の「解答と解説」には，各問題のくわしい解説があります。答えだけでなく，解説もじっくり読みましょう。

▶解説には⑦得点アップを設け，知っているとためになる知識や高校入試で問われるような情報などを満載しました。

もくじ

		問題番号	ページ
1	式の展開と因数分解	001 ～ 030	5
2	平方根	031 ～ 060	12
3	2次方程式	061 ～ 093	20
4	関数 $y = ax^2$	094 ～ 124	30
5	図形の相似	125 ～ 149	44
6	円周角の定理	150 ～ 161	56
7	三平方の定理	162 ～ 196	60
8	標本調査	197 ～ 202	74
第**1**回 実力テスト			76
第**2**回 実力テスト			78

別冊 解答と解説

1 式の展開と因数分解

（解答）別冊 p.2

標準問題

001 ［多項式と単項式の乗法と除法］

次の式を計算しなさい。

(1) $3x(5x-1)$

(2) $(6x-4y) \times \dfrac{1}{2}x$

(3) $(12xy-3x) \div 3x$

(4) $(-6a+3b-9c) \times \left(-\dfrac{1}{12}abc\right)$

> **ガイド** 多項式と単項式の乗法：多項式の各項に単項式をかける。（分配法則を用いる）
> 多項式を単項式でわる：多項式の各項をその単項式でわっていく。

重要 002 ［$(a+b)(c+d)$ の展開］

次の式を展開しなさい。

(1) $(x+y)(5x-y)$

(2) $(2a+3b)(a-b)$

(3) $(x+1)(y-1)$

(4) $(2m-3n)(5m+2n)$

> **ガイド** 展開した式に同類項がふくまれているときは，同類項をまとめる。
> $(a+b)(c+d)$ の展開：右の図の面積の考え方で説明できる。
>
> $(a+b)(c+d) = ac+ad+bc+bd$
> ① ② ③ ④
>
>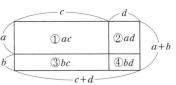

003 ［多項式の計算］

次の式を簡単にしなさい。

(1) $(3x-1)(x+4)-2x(3x+1)$

(2) $(3x-2)(-5x)-(x+3)(8x-1)$

重要 004 ［$(x+a)(x+b)$ の形を展開する公式の利用］

次の式を展開しなさい。

(1) $(x+3)(x+5)$

(2) $(x-8)(x+7)$

(3) $(x-4)(x-2)$

(4) $(a+2b)(a-5b)$

> **ガイド** $(x+a)(x+b) = x^2 + (a+b)x + ab$

重要 005 〉[$(a+b)^2$ の形を展開する公式の利用]

次の式を展開しなさい。

(1) $(x-4)^2$

(2) $(2x+1)^2$

(3) $(a-3b)^2$

(4) $\left(4x-\dfrac{1}{2}\right)^2$

> **ガイド** $(a+b)^2 = a^2 + 2ab + b^2$
> $(a-b)^2 = a^2 - 2ab + b^2$

重要 006 〉[$(x+a)(x-a)$ の形を展開する公式の利用]

次の式を展開しなさい。

(1) $(3x+5y)(3x-5y)$

(2) $\left(\dfrac{5}{2}a-\dfrac{1}{3}b\right)\left(\dfrac{5}{2}a+\dfrac{1}{3}b\right)$

> **ガイド** $(x+a)(x-a) = x^2 - a^2$

007 〉[3項式がふくまれる式の展開]

次の式を展開しなさい。

(1) $(x-2)(x^2+x-3)$

(2) $(a+3b)(a^2-ab+2b^2)$

> **ガイド** 2項式どうしの場合と同じようにかけていく。同類項がふくまれていればまとめる。
>
> $$(a+b+c)(d+e) = ad + ae + bd + be + cd + ce$$

008 〉[複雑な多項式の計算]

次の式を簡単にしなさい。

(1) $(3a-2b)^2 + (a+3b)(a-7b)$

(2) $(x^2+3x+1)(x^2-3x+1)$

> **ガイド** できるだけ公式を利用して展開し，同類項があればまとめる。
>
> かっこの前のマイナスに注意する。

009 〉[公式を利用して式を展開する]

次の式を展開しなさい。

(1) $(x-2y+1)^2$ (2) $(x+y-3)(x+y+3)$ (3) $(x-1)(x-2)(x-3)(x-4)$

> **ガイド** 式のどの部分をひとまとまりとして考えれば公式が利用できるかを考える。
> $(a+b+1)^2 = (a+b)^2 + 2(a+b) + 1 = a^2 + 2ab + b^2 + 2a + 2b + 1$
> $(a+b+c)(a-b+c) = \{(a+c)+b\}\{(a+c)-b\} = (a+c)^2 - b^2 = a^2 + 2ca + c^2 - b^2$
> $(a+b-5)(a+b+2) = \{(a+b)-5\}\{(a+b)+2\} = (a+b)^2 + (-5+2)(a+b) + (-5)\times 2$
> $\qquad\qquad\qquad\qquad = a^2 + 2ab + b^2 - 3a - 3b - 10$

◆重要 010 〉[文字に数を代入して式の値を求める]

$x = \dfrac{1}{2}$ のとき，$(x+6)(x-4) + (5-x)(5+x)$ の値を求めなさい。

> **ガイド** 直接代入して計算するより，与式をできるだけ簡単にしてから代入する方が計算が楽。

011 〉[式の展開を利用して式の値を求める]

$\begin{cases} a+b = 10 \\ a^2 + b^2 = 58 \end{cases}$ のとき，ab の値を求めなさい。

> **ガイド** $(a+b)^2 = a^2 + 2ab + b^2$ を利用する。

012 〉[素数]

p, q はともに素数とする。$p < q$ とするとき，$p + q = 40$ となる p, q の組をすべて求め，答え を (p, q) の形で示しなさい。

013 〉[共通因数をくくり出す]

共通因数をくくり出して，次の式を因数分解しなさい。

(1) $3x^2 y + 6xy^2$ (2) $a(b-c) + c - b$ (3) $2(a+b)(a-b) + a(a+b)$

> **ガイド** 分配法則 $ab + ac = a(b+c)$, $ac + bc = (a+b)c$ を用いて共通因数をくくり出す。

重要 014 ［和と差の積の形を展開する公式を使う因数分解］

次の式を因数分解しなさい。

(1) $9x^2 - 49y^2$　　　　(2) $9 - x^2$　　　　(3) $(a-c)^2 - (b-c)^2$

> **ガイド** $x^2 - a^2 = (x+a)(x-a)$ を利用する。

重要 015 ［平方の形を展開する公式を使う因数分解］

次の式を因数分解しなさい。

(1) $x^2 - 12x + 36$　　　　(2) $4x^2 - 20x + 25$　　　　(3) $9a^2 - 42ab + 49b^2$

> **ガイド** $a^2 + 2ab + b^2 = (a+b)^2$, $a^2 - 2ab + b^2 = (a-b)^2$ を利用する。

重要 016 ［$(x+a)(x+b)$ を展開する公式を使う因数分解］

次の式を因数分解しなさい。

(1) $x^2 + 3x - 28$　　　　　　(2) $x^2 - 8x + 12$

(3) $a^2 - ab - 12b^2$　　　　　　(4) $x^2 - 2xy - 24y^2$

> **ガイド** $x^2 + (a+b)x + ab = (x+a)(x+b)$ を利用する。

017 ［式を文字で置きかえる因数分解］

次の式を因数分解しなさい。

(1) $(x+1)^2 - (x+1)y - 6y^2$　　　　　　(2) $(x+y)^2 - x - y - 2$

> **ガイド** (1) $x+1 = X$, (2) $x+y = X$ と置きかえると因数分解の形が見やすい。

018 ［複雑な式の因数分解］

次の式を因数分解しなさい。

(1) $mx^2 - 9mx + 20m$　　　　　　(2) $x + y + xy + 1$

(3) $a^3 + b^2c - a^2c - ab^2$　　　　　　(4) $x^2 + 2xy + y^2 - 1$

> **ガイド** (1)共通因数をくくり出すと，かっこの中は，公式を利用して因数分解できる形になる。
> (2)(3)共通因数をもつものどうし2項ずつまとめて共通因数をくくり出すと，全体の共通因数が見えてくる。
> (4)$A^2 - B^2$ の形をつくり，$A^2 - B^2 = (A+B)(A-B)$ を利用する。

最 高 水 準 問 題 ——————————————————————————— 解答 別冊 p.4

019 次の式を簡単にしなさい。

(1) $(a+1)(a-2) - \dfrac{(2a-1)^2}{4}$ （神奈川・湘南高）

(2) $(x-3)(x-2) - (x-3)^2 + (2x-5)(x+4)$ （神奈川・桐蔭学園高）

(3) $(-3a-b+c)^2 - (3a+b)(3a+b-2c)$ （東京・日本大二高）

020 $(3x^2+2x+1)(x^2-2x-3)$ を展開したときの x^3 の係数を求めなさい。 （東京・日本大豊山高）

021 次の問いに答えなさい。

(1) $x = \dfrac{1}{2}$, $y = \dfrac{1}{3}$ のとき，$9x^2 + 3y - (3x+1)^2 + 1$ の値を求めよ。 （東京工業大附科学技術高）

(2) $x = \dfrac{1}{6}$, $y = -2$ のとき，$(4x-3y)^2 + (3x+4y)^2 - 19(x^2+y^2)$ の値を求めよ。

（北海道・函館ラ・サール高）

022 $25^2 - 24^2 + 23^2 - 22^2 + \cdots\cdots + 3^2 - 2^2 + 1^2 - 0^2$ の値を求めなさい。 （茨城・江戸川学園取手高）

023 「連続する2つの奇数において，2つの奇数の積から小さい方の奇数の2倍をひいた数は小さい方の奇数の2乗に等しい」ことを，整数 n を使って，小さい方の奇数を $2n-1$ とすることによって証明しなさい。 （福岡県）

解答の方針

020 x^3 の項が出てくるのは，どの項とどの項をかけたときかを考える。

024 $a+b+c = -2$, $\dfrac{1}{a}+\dfrac{1}{b}+\dfrac{1}{c} = \dfrac{1}{2}$ のとき，$(a-2)(b-2)(c-2)$ の値を求めなさい。

(東京・早稲田実業学校高等部)

025 次の式を因数分解しなさい。

(1) $48x^2y - 27yz^2$

(東京・専修大附高)

(2) $x^2y - x^2 - xy + x$

(東京・早稲田実業学校高等部)

(3) $(x+2y-6)x - 12y$

(福岡・久留米大附設高)

(4) $x^2 - 4xy + 4y^2 + 3x - 6y - 4$

(東京・海城高)

(5) $x^2 - y^2 + z^2 - 2xz - 4y - 4$

026 次の式を因数分解しなさい。

(1) $(x^2-8)^2 - 4x^2$

(奈良・東大寺学園高)

(2) $(x+2y)(x-2y) - 4y - 1$

(東京・國學院大久我山高)

(3) $x^2 + xy - 5x - 3y + 6$

(埼玉・早稲田大本庄高)

(4) $4x^2 - 9 - 4xy + 6y$

(東京・法政大高)

(5) $x^2 - (3y-z)x - yz + 2y^2$

(千葉・市川高)

027 次の式を因数分解しなさい。

(1) $(x-1)^2 - 10(x-1) - 24$

(神奈川・柏陽高)

(2) $(x+y+1)^2 - (x+y) - 7$

(東京・成蹊高)

(3) $2x^2(x-3)^2 - 14x^2(3-x) + 20x^2$

(北海道・函館ラ・サール高)

(4) $a^2 - 2ab + b^2 - 3(a-b) - 4$

(長崎・青雲高)

(5) $x(x+5y) + 2y(y-2-x) - 2x$

(鹿児島・ラ・サール高)

解答の方針

024 $\dfrac{1}{a}+\dfrac{1}{b}+\dfrac{1}{c} = \dfrac{1}{2}$ を分数の形ではないようにする。

028 次の問いに答えなさい。

(1) $x = 5.7$, $y = 4.3$ のとき, $x^2 - y^2$ の値を求めよ。 　　　　　　　　(愛知県)

(2) $x + y = 7$, $xy = 3$ のとき, $xy - 2x - 2y$ の値は ① であり, また $(2x + y)(x + 2y)$ の値は ② である。 　　　　　　　　(東京・早稲田大高等学院)

(3) 次の計算をせよ。

　① $0.5432^2 + 4 \times 0.5432 \times 0.3284 + 4 \times 0.3284^2$ 　　　　　　　　(千葉・東邦大付東邦高)

　② $17 \times 23 - 20^2 + 2008^2 - 2005 \times 2011$ 　　　　　　　　(茨城・江戸川学園取手高)

(4) $(x^2 + 2x - 1)^2 (x^3 - 3x^2 + x - 3)^3$ を展開してできる x についての多項式の次数を答えよ。

　　　　　　　　(京都・立命館高)

難 029 x を 0 以上の整数としたとき, x^2 の形で表される数を平方数という。正の整数を $x^2 + y^2$ (x, y は 0 以上の整数) のように, 2 つの平方数の和として表すことを考える。例えば, 5 は $5 = 1^2 + 2^2$, 65 は $65 = 1^2 + 8^2$ または $65 = 4^2 + 7^2$ である。ただし, $5 = 1^2 + 2^2$ と $5 = 2^2 + 1^2$ は同じ表し方とみなす。次の問いに答えなさい。 　　　　　　　　(東京・慶應女子高)

(1) 53 を 2 つの平方数の和で表せ。

(2) 正の整数 n が $n = (a^2 + b^2)(c^2 + d^2)$ 　(a, b, c, d は 0 以上の整数) で表せるとする。次の ① ～ ⑤ に適する式を答えよ。

　　$n = (a^2 + b^2)(c^2 + d^2)$

　　　$=$ ① $+ 2abcd - 2abcd$

　　この式を変形すると

　　$n = ($ ② $+$ ③ $)^2 + ($ ④ $-$ ⑤ $)^2$

　　または

　　$n = ($ ② $-$ ③ $)^2 + ($ ④ $+$ ⑤ $)^2$

(3) 5777 を 2 通りの 2 つの平方数の和で表せ。

　　$5777 = 53 \times 109$

030 $xy + 3x - 2y = 0$ をみたす自然数の組 (x, y) を求めなさい。 　　　　　　　　(東京・海城高)

解答の方針

029 (3)(1), (2)の結果を利用する。

030 (整式)×(整式) = (整数)の形に変形する。

2 平方根

（解答）別冊 p.7

標 準 問 題

重要 031 ［平方根］

次の数の平方根を求めなさい。

(1) 64 　　　　(2) 0 　　　　(3) 0.0036 　　　　(4) $\dfrac{9}{4}$

> **ガイド** 2乗すると a になる数を a の平方根という。したがって，a の平方根は，方程式 $x^2 = a$ の解と一致する。

重要 032 ［平方根の定義］

次の(1)〜(3)について，正しい文のときは○をつけ，正しくない文のときは下線の部分を直して正しい文に改めなさい。

(1) $\sqrt{81} = \pm 9$ である。

(2) 7 の平方根は $\sqrt{7}$ である。

(3) $-\sqrt{(-3)^2} = 3$ である。

> **ガイド** 正の数 a に対して，a の平方根は2つあり，正の方を $\sqrt{a}$，負の方を $-\sqrt{a}$ と書き，それぞれルート a，マイナスルート a と読む。$\sqrt{\ }$ の記号を根号という。0 の平方根は 0 で，負の数の平方根は考えない。

---

033 ［根号のついた数］

次の数は，それぞれいくらになりますか。

(1) $\sqrt{121}$ 　　　　(2) $-\sqrt{0.0001}$ 　　　　(3) 4 の平方根

---

034 ［平方根の大きさ］

次の数は，どのような整数と整数の間にありますか。不等号を使って表しなさい。

(1) $\sqrt{4.9}$ 　　　　(2) $-\sqrt{30}$ 　　　　(3) $\sqrt{620}$

重要 035 ［根号のついた数の大小］

次の各組の数の大小を不等号を使って表しなさい。

(1) $5\sqrt{2}$ と 7 (2) $\dfrac{2}{\sqrt{6}}$ と $\dfrac{\sqrt{3}}{2}$ (3) 5 と $3\sqrt{2}$ と $\dfrac{6}{\sqrt{3}}$

> **ガイド** 大小を比べられるようにするためには，①各数を2乗する，②各数を $\sqrt{a}$ の形にする，のいずれかにすればよい。

036 ［平方根の位どり］

次の各数の正の平方根は，何の位から始まりますか。または，小数第何位から始まりますか。

(1) 891200   (2) 398.54   (3) 0.3856

> **ガイド** 小数点の位置から，上へ2桁ずつ，または下へ2桁ずつ区切りを入れていく。何区切り目に最初の数字が現れるかを調べる。

037 ［無理数の大きさ］

次の問いに答えなさい。

(1) $3<\sqrt{n}<4$ となるような自然数 n の個数を求めよ。

(2) 絶対値が $2\sqrt{2}$ より小さい整数は何個あるか求めよ。

(3) $\dfrac{4}{\sqrt{2}}$ より大きく $4\sqrt{2}$ より小さい整数をすべて答えよ。

> **ガイド** 整数や平方根が混じっているときの大小を比べるには，すべて $\sqrt{\bigcirc}$ の形に表すと比べやすい。

038 ［平方根のおよその値］

$\sqrt{3.32}=1.822$，$\sqrt{33.2}=5.762$ を利用して，次の平方根のおよその値を求めなさい。

(1) $\sqrt{332}$ (2) $\sqrt{332000}$ (3) $\sqrt{0.0332}$

> **ガイド** 根号の中の各数が，小数点を2桁ずつ移動させたとき，3.32になるか，33.2になるかを調べる。

重要 039 ［平方根の積と商］

次の式を簡単にしなさい。

(1) $\sqrt{18}\times\sqrt{2}$ (2) $\dfrac{\sqrt{8}\times\sqrt{3}}{\sqrt{6}}$ (3) $6\sqrt{8}\div3\sqrt{2}$

14

040 〉[外の数を根号の中に入れる]

次の数を $\sqrt{a}$ の形に直しなさい。

(1) $2\sqrt{7}$

(2) $\dfrac{3\sqrt{6}}{2}$

ガイド　根号のついた数の性質

$a>0$, $b>0$ のとき, $\sqrt{ab}=\sqrt{a}\,\sqrt{b}$, $\sqrt{\dfrac{a}{b}}=\dfrac{\sqrt{a}}{\sqrt{b}}$, $a\sqrt{b}=\sqrt{a^2b}$, $\dfrac{\sqrt{b}}{a}=\sqrt{\dfrac{b}{a^2}}$

041 〉[中の数を根号の外へ出す]

次の数を $a\sqrt{b}$ の形に直しなさい。根号の中はできるだけ簡単な整数にすること。

(1) $\sqrt{216}$

(2) $\sqrt{12168}$

(3) $\sqrt{0.18}$

042 〉[有理数と無理数]

次の各数を，有理数と無理数に分けなさい。

$\dfrac{2}{3}$,　$\sqrt{3}$,　$-\sqrt{\dfrac{4}{9}}$,　$\dfrac{\sqrt{3}}{2}$,　π,　-5

ガイド　整数 m と正の整数 n を用いて，分数 $\dfrac{m}{n}$ の形に表される数を有理数という。

数 $\begin{cases} \text{有理数}\left(\dfrac{m}{n}\text{の形で表せる}\right) \text{——整数，有限小数，循環小数} \\ \text{無理数}\left(\dfrac{m}{n}\text{の形で表せない}\right) \end{cases}$

└→実数という

$\sqrt{2}$ や $\sqrt{3}$ などが無理数であることの証明は，背理法という証明法で証明できる。

043 〉[有限小数と循環小数]

次の問いに答えなさい。

(1) 次の各分数を小数で表せ。

① $\dfrac{3}{4}$

② $\dfrac{7}{11}$

(2) 次の各循環小数を分数で表せ。

① $0.\dot{5}$

② $3.\dot{1}\dot{2}$

◆ 重要 044 〉**[分母の有理化]**

次の数の分母を有理化しなさい。

(1) $\dfrac{\sqrt{2}}{\sqrt{5}}$

(2) $\dfrac{\sqrt{8}}{\sqrt{3}}$

◆ 重要 045 〉**[平方根の和と差]**

次の計算をしなさい。

(1) $\sqrt{32}+\sqrt{2}-\sqrt{8}$

(2) $7\sqrt{5}+\sqrt{20}-\sqrt{125}$

(3) $\dfrac{1}{\sqrt{3}}-\dfrac{\sqrt{12}}{3}+\sqrt{27}$

(4) $\sqrt{18}+\dfrac{2}{\sqrt{2}}-\dfrac{\sqrt{24}}{\sqrt{3}}$

(5) $\sqrt{27}-\dfrac{18}{\sqrt{3}}+\sqrt{48}$

(6) $\sqrt{24}-\sqrt{54}+\dfrac{3}{\sqrt{6}}$

◆ 重要 046 〉**[平方根の計算]**

次の計算をしなさい。

(1) $12\div\sqrt{6}$

(2) $\sqrt{45}-\sqrt{10}\times\sqrt{2}$

(3) $\sqrt{40}\div\sqrt{5}-\sqrt{18}$

(4) $\sqrt{27}-\sqrt{6}\times\sqrt{2}$

(5) $\dfrac{\sqrt{6}}{3}-\sqrt{8}\div\sqrt{3}$

(6) $(\sqrt{24}-\sqrt{6})\times\dfrac{2}{\sqrt{8}}$

047 〉**[およその値の計算]**

$\sqrt{2}=1.414$, $\sqrt{3}=1.732$ を用いて，次の数のおよその値を求めなさい。

(1) $\sqrt{6}\times\sqrt{2}$

(2) $\dfrac{\sqrt{2}}{\sqrt{3}}$

(3) $\dfrac{1}{\sqrt{3}}$

048 〉**[文字が√をふくむ値をとるときの式の値]**

$x=\sqrt{2}$, $y=-3$ のとき，$(-x^2y)^2\div\left(\dfrac{1}{2}xy^2\right)^2\times(-2xy)$ の値を求めなさい。

16

最 高 水 準 問 題 ──────────────────── 解答 別冊 p.9

049 次の問いに答えなさい。

(1) a を自然数とするとき，$\sqrt{4950a}$ の値が自然数となるような，最も小さい a の値を求めよ。

(大阪府)

(2) $\dfrac{\sqrt{75n}}{2}$ の値が整数となるような自然数 n のうち，最も小さいものを求めよ。 (熊本県)

(3) $\sqrt{2(17-n)}$ が自然数となるような，自然数 n は何個あるか求めよ。 (神奈川・小田原高)

(4) n を自然数とする。$\sqrt{21(5+n)(5-n)}$ の値が自然数となるとき，n の値を求めよ。

(東京・青山学院高等部)

050 次の問いに答えなさい。

(1) $\sqrt{(3-\pi)^2}-\sqrt{(-3)^2}$ を簡単にせよ。 (東京・城北高)

(2) $\sqrt{\left(\dfrac{1}{5}-\dfrac{1}{4}\right)^2}$ を計算し，簡単にせよ。 (福岡大附大濠高)

(3) 次の⑦～⑤の数を，小さい順に左から記号で並べよ。 (山口県)

   ⑦ $2\sqrt{5}$ ⑦ $\sqrt{(-4)^2}$ ⑦ $\sqrt{13}$ ⑤ $\dfrac{6}{\sqrt{2}}$

051 次の問いに答えなさい。

(1) $\sqrt{(-4)^2\times 5+1}$ を簡単にせよ。 (福岡大附大濠高)

(2) $\dfrac{(-3)^{29}-3^{27}}{(\sqrt{3})^{50}}$ を簡単にせよ。 (神奈川・慶應高)

解答の方針

050 (1)(2) $\sqrt{a^2}=\begin{cases} a\ (a\geqq 0\ のとき) \\ -a\ (a<0\ のとき) \end{cases}$ である。

   (3) $\sqrt{a}$ の形に表して比べる。

052 次の式を簡単にしなさい。

(1) $(-\sqrt{3})^7 - \sqrt{(-9)^2 \times 3} + (\sqrt{27})^3$ （神奈川・日本女子大附高）

(2) $\sqrt{18} - \sqrt{5} \div \left(\dfrac{6}{\sqrt{10}} - \dfrac{\sqrt{10}}{5} \right)$ （東京・八王子東高）

(3) $\dfrac{\sqrt{8} + \sqrt{28}}{\sqrt{32}} - \dfrac{\sqrt{7} - \sqrt{18}}{\sqrt{8}}$ （東京・明治学院高）

(4) $2\sqrt{15} - \sqrt{3}(3\sqrt{5} - 2\sqrt{3}) + \dfrac{5\sqrt{3}}{\sqrt{5}}$ （東京・青山学院高等部）

053 次の計算をしなさい。

(1) $\dfrac{10}{9\sqrt{2}}b^2 + \left(\dfrac{b}{\sqrt{6a}} \right)^5 \times (-3a^2)^2 \div \left\{ -\dfrac{(\sqrt{3}b)^3}{4a} \right\}$ （東京・お茶の水女子大附高）

 (2) $\{(2\sqrt{502} + 3\sqrt{223})^3 + (2\sqrt{502} - 3\sqrt{223})^3\}^2 - \{(2\sqrt{502} + 3\sqrt{223})^3 - (2\sqrt{502} - 3\sqrt{223})^3\}^2$ （兵庫・灘高）

(3) $(\sqrt{2} - \sqrt{3} - \sqrt{5} + \sqrt{6})(\sqrt{2} - \sqrt{3} + \sqrt{5} - \sqrt{6})$ （神奈川・慶應高）

(4) $\dfrac{\sqrt{0.52^2 - 0.2^2}}{0.4^2}$ （兵庫・関西学院高）

(5) $(\sqrt{2} + 1)^4(\sqrt{2} - 1)^5$ （東京・國學院大久我山高）

(6) $3\left(\dfrac{\sqrt{3}+1}{\sqrt{2}} \right)^4 - \left(\dfrac{\sqrt{3}+1}{\sqrt{2}} \right)^2 \left(\dfrac{\sqrt{3}-1}{\sqrt{2}} \right)^2 + 3\left(\dfrac{\sqrt{3}-1}{\sqrt{2}} \right)^4$ （福岡・久留米大附設高）

(7) $(1 + \sqrt{2} + \sqrt{3})^2(1 + \sqrt{2} - \sqrt{3})^2$ （東京・青山学院高等部）

054 次の問いに答えなさい。

(1) $1 - \sqrt{5}$ と $3 + 2\sqrt{5}$ の間にある整数の個数を求めよ。 （大阪・近畿大附高）

(2) m, n を自然数とする。$\sqrt{26^4 - 10^4} = m\sqrt{n}$ をみたすような最小の n の値を求めよ。

（埼玉・早稲田大本庄高）

解答の方針

053 (2) $2\sqrt{502} = a$, $3\sqrt{223} = b$ とおくと，与式は，$\{(a+b)^3 + (a-b)^3\}^2 - \{(a+b)^3 - (a-b)^3\}^2$ となり，2乗の差となっている。

054 (2) $\sqrt{26^4 - 10^4} = \sqrt{(26^2 + 10^2)(26^2 - 10^2)} = \cdots$ と工夫をすることによって，$m\sqrt{n}$ の形にもっていく。

055 次の問いに答えなさい。

(1) $x=\sqrt{5}+2$, $y=\sqrt{5}-2$ のとき x^3y-xy^3 の値を求めよ。 （大阪・近畿大附高）

(2) $x=\dfrac{1+\sqrt{5}}{2}$, $y=\dfrac{1-\sqrt{5}}{2}$ のとき, $x^2+xy+y^2+4x+2y-5$ の値を求めよ。 （奈良・東大寺学園高）

(3) $x=3-2\sqrt{2}$ のとき, x^2-6x+2 の値を求めよ。 （東京・城北高）

(4) $a=\sqrt{2}+\sqrt{3}+\sqrt{5}$, $b=\sqrt{2}-\sqrt{3}+\sqrt{5}$, $c=\sqrt{2}-\sqrt{3}-\sqrt{5}$ のとき, $ab+bc+ca=\boxed{}$ である。

（大阪星光学院高）

056 次の問いに答えなさい。

(1) $\sqrt{3}$, $7\sqrt{3}$ の小数部分をそれぞれ a, b とするとき, ab の値を求めよ。 （京都・立命館高）

(2) $\dfrac{6-\sqrt{3}}{\sqrt{3}}$ の整数部分の値を求めよ。 （神奈川・法政大二高）

🈔(3) $\sqrt{5}$ の整数部分を a, 小数部分を b とするとき, $ab^2+4ab+3a+b^3+4b^2+3b$ の値を求めよ。

（千葉・市川高）

057 ある正の数 x について, x 以下の最大の整数を記号 $[x]$ で表すことにする。例えば, $[3.14]=3$ である。次の問いに答えなさい。 （千葉・東邦大付東邦高）

(1) $[\sqrt{98}]$ の値を求めよ。

(2) $[\sqrt{2n}]=7$ をみたす素数 n をすべて求めよ。ただし, n が素数であるとは, n が2以上の整数であり, かつ, n をわりきる正の整数が1と n だけであることである。

解答の方針

055 (2) $x+y$ と xy の値を計算しておく。与式を $x+y$ と xy の値を利用して簡単にしていく。

056 (3) 与えられた式を因数分解する。

058 n を自然数とする。$\sqrt{n}$ の近似値を 5，$\sqrt{n+12}$ の近似値を 6 としたとき，ともに誤差の絶対値は 0.2 より小さかった。このとき，次の問いに答えなさい。

(1) n の値をすべて求めよ。

(2) (1)で求めた n のうち，最大の n の値について，$\dfrac{1}{\sqrt{n+12}-6}$ の小数第 1 位を四捨五入したときの値を求めよ。

059 n を整数とする。$n-0.5 \leqq x < n+0.5$ である x について，《x》$=n$ とする。たとえば，《6.9》$=7$ となる。このとき，次の問いに答えなさい。

(1) 次の値を求めよ。

① 《10.5》　　　　　　　　　② 《-3.4》

③ 《$\sqrt{231}$》　　　　　　　④ $(\sqrt{15}-《\sqrt{15}》)^2$

⑤ $(\sqrt{7}+《\sqrt{3}》)(\sqrt{7}-《\sqrt{3}》)$

(2) ① 1 次方程式 $\sqrt{6}x=2x+2$ を解け。

② ①で求めた x について，《x》を求めよ。

060 次の問いに答えなさい。

(1) $\sqrt{\dfrac{144}{19-x}}$ が整数となる正の整数 x をすべて求めよ。　　　（福岡・久留米大附設高）

(2) $-1<a<0$ である a について，次の値を小さい順に並べよ。

$a,\quad a^3,\quad \dfrac{1}{a},\quad \sqrt{a^2},\quad -a^2$　　　　　（長崎・青雲高）

解答の方針

058 (1) （誤差）＝（真の値）－（近似値）

(2) $(\sqrt{a}+\sqrt{b})(\sqrt{a}-\sqrt{b})=(\sqrt{a})^2-(\sqrt{b})^2=a-b$

059 《x》は x の小数未満を四捨五入して，整数で表した近似値である。

3 2次方程式

061 [$ax^2=b$ の解]

次の2次方程式を解きなさい。

(1) $x^2=64$ 　　　　　　(2) $4x^2=9$ 　　　　　　(3) $-\dfrac{1}{6}x^2+3=0$

> **ガイド** x の2次の項と定数項だけの方程式は，$x^2=p\,(p>0)$ の形に変形する。
> 　　　　解は，$x=\pm\sqrt{p}$

062 [$(x+a)^2=b$ の解]

次の2次方程式を解きなさい。

(1) $(x-5)^2=4$ 　　　　(2) $(x+1)^2=3$ 　　　　(3) $\dfrac{3}{2}\left(x-\dfrac{1}{2}\right)^2=\dfrac{75}{8}$

> **ガイド** $(x+a)^2=b\,(b>0)$ の解は，$x+a=\pm\sqrt{b}$ だから，$x=-a\pm\sqrt{b}$

063 [平方の形に変形する解法]

次の2次方程式を $(x+a)^2=b$ の形に変形して解きなさい。

(1) $x^2+4x=1$ 　　　　(2) $x^2-2x-2=0$ 　　　　(3) $x^2-x-1=0$

> **ガイド** $x^2+ax+b=0$ は，次のように変形すると解の公式が得られる。
>
> $$x^2+ax+\left(\dfrac{a}{2}\right)^2=-b+\left(\dfrac{a}{2}\right)^2 \quad \left(x+\dfrac{a}{2}\right)^2=\dfrac{-4b+a^2}{4} \quad x+\dfrac{a}{2}=\pm\dfrac{\sqrt{-4b+a^2}}{2} \quad \text{より，}$$
>
> $$x=\dfrac{-a\pm\sqrt{-4b+a^2}}{2}$$

064 [$(x+a)(x+b)=0$ の解]

次の2次方程式を解きなさい。

(1) $(x+4)(x+6)=0$ 　　　　　　(2) $(x-5)^2=0$

(3) $3x(x+7)=0$ 　　　　　　　　(4) $(3x+4)(3x-2)=0$

> **ガイド** $(x+a)(x+b)=0$ の解は，$x+a=0$ または $x+b=0$ より，$x=-a,\ -b$ である。

◆重要 065 [因数分解による解法①]

次の2次方程式を解きなさい。

(1) $x^2 - 7x + 12 = 0$ (2) $x^2 - 7x - 8 = 0$

(3) $x^2 + 2x - 8 = 0$ (4) $x^2 + 5x - 6 = 0$

◆重要 066 [因数分解による解法②]

次の2次方程式を解きなさい。

(1) $x^2 + x = 3x^2 + 5x$ (2) $(x + 3)^2 = 4(x + 6)$

(3) $(x - 1)(x + 2) = -3x + 10$ (4) $(x + 3)^2 - 8(x + 3) - 20 = 0$

067 [基本形に変形する]

次の式を基本形（$a(x + p)^2 + q$の形）に変形しなさい。

(1) $2x^2 + 8x$ (2) $4x^2 - 2x - 3$

◆重要 068 [基本形に変形して，2次方程式を解く]

次の2次方程式を平方の形に変形して解きなさい。

(1) $2x^2 - 5x + 2 = 0$ (2) $9x^2 - 6x + 1 = 0$

(3) $3x^2 - 2x - 1 = 0$ (4) $2x^2 + 4x + 1 = 0$

◆重要 069 [解の公式の利用]

次の2次方程式を解の公式を用いて解きなさい。

(1) $2x^2 + x - 2 = 0$ (2) $3x^2 - x - 1 = 0$

> **ガイド** $ax^2 + bx + c = 0 \ (a \neq 0)$ の解は，$x = \dfrac{-b \pm \sqrt{b^2 - 4ac}}{2a}$ である。これを解の公式という。$b^2 - 4ac > 0$ の
> とき，解は2個，$b^2 - 4ac = 0$ のとき1個である。

◆重要 070 [解がわかっている2次方程式]

次の問いに答えなさい。

(1) 2次方程式 $x^2 + ax - 10 = 0$ の1つの解が2のとき，a の値と他の解を求めよ。

(2) 2つの数 $\dfrac{1}{2}$，$-\dfrac{5}{2}$ を解にもつ2次方程式のうち，x^2 の係数が1であるものを求めよ。

> **ガイド** (1)解を2次方程式に代入すると a の値が求まる。
> (2)a，b を2つの解とする2次方程式の1つは，$(x - a)(x - b) = 0$

22

071 〉**[2次方程式の応用①]**

次の問いに答えなさい。

(1) 連続する3つの正の整数がある。大きい方の2つの数の積から，最も小さい数の2倍をひいたら74になった。3つの整数を求めよ。

(2) 1辺の長さが $x\,\text{cm}$ の正方形がある。この正方形の縦の辺を2cm，横の辺を3cmそれぞれ伸ばしてできた長方形の面積が，もとの正方形の面積の2倍となった。もとの正方形の1辺の長さを求めよ。

(3) $10 \div (\Box \times \Box) \times 10 - 10 = 10$ の $\Box$ に同じ数を入れると成り立つとき，$\Box$ に入れる数は 〇〇 である。

072 〉**[2次方程式の応用②]**

次の問いに答えなさい。

(1) x の2次方程式 $ax^2 + x - 6 = 0$ は異符号の2つの解をもち，その解の絶対値の比は $3:4$ である。このとき，$a =$ 〇〇 である。

(2) 長さが56cmのひもがある。このひもを1か所で切って2本にし，それぞれで正方形を作ったところ，面積の和が $130\,\text{cm}^2$ になった。それぞれの正方形の1辺の長さを求めよ。

> **ガイド** (2)解が題意に適するか吟味する。

073 〉**[数の規則性への応用]**

図1で，1段目は，連続する自然数が小さい順に並んでいる。2段目は，1段目の数をもとに，ある規則にしたがって数が並んでいる。3段目は，2段目の数をもとに，別の規則にしたがって数が並んでいる。

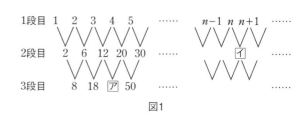

(1) ア に入る数を求めよ。

(2) 連続する3つの自然数を，$n-1$, n, $n+1$ とするとき，イ に入る式を求めよ。

(3) 図2は，図1と同じ規則にしたがって並んでいる数の一部である。ウ に入る数を求めよ。

074 〉[水溶液の問題への応用]

物質 A が溶けている濃度 50 % の水溶液 100 g が容器に入っている。この水溶液に次の[Ⅰ]，[Ⅱ]の操作を順番に行った。

[Ⅰ] この容器から x g の水溶液を取り除き，新たに水 x g を加えて，よくかき混ぜる。

[Ⅱ] 操作[Ⅰ]でできた水溶液から，$(x+15)$ g の水溶液を取り除き，新たに水 $(x+15)$ g を加えて，よくかき混ぜる。

このとき，次の問いに答えなさい。

(1) 操作[Ⅰ]でできた水溶液に溶けている物質 A の質量を，x を用いて表せ。

(2) 操作[Ⅱ]でできた水溶液に溶けている物質 A の質量を，$\dfrac{1}{a}(x^2+bx+c)$ と x を用いて表すとき，定数 a，b，c の値を求めよ。

(3) 操作[Ⅱ]でできた水溶液の濃度が 5 % であるとき，x の値を求めよ。

> ガイド　$(物質 A の質量) = (水溶液の量) \times \dfrac{(水溶液の濃度)}{100}$

重要 075 〉[道のりの問題への応用]

A，B の 2 人が，P 地を同時に出発し，それぞれ一定の速さで歩いて Q 地に行った。A は Q 地の手前 1 km の R 地で 12 分間休み，P 地を出発してから 2 時間後に Q 地に着いた。B は休まずに歩き，A が Q 地に着いたときに R 地に着いた。PR 間の道のりを x km として，次の問いに答えなさい。

(1) A，B の速さはそれぞれ時速何 km か。x を使った式で表せ。

(2) A が R 地に着いたとき，B は R 地の手前 1.6 km の地点にいた。このとき，x の値を求めよ。

> ガイド　A，B の速さを文字で表して解く。

076 ▷ [売り上げの問題への応用]

ある商品を総額 125000 円で仕入れ，$2x$ ％の利益を見込んだ定価で売る。このとき，次の問い
に答えなさい。

(1) 仕入れた個数の $\dfrac{3}{5}$ が売れた。このときの売り上げを x を用いて表せ。

(2) 仕入れた個数の $\dfrac{3}{5}$ が売れた後で，定価の x ％を値引きして残りの商品をすべて売ったと
ころ，売り上げ総額が，定価ですべて売るとしたときより，24000 円少なくなった。このと
き，x の値を求めよ。

> **ガイド**
>
> x ％の利益を見込む $\Rightarrow 1+\dfrac{x}{100}$
>
> x ％の値引き $\Rightarrow 1-\dfrac{x}{100}$

077 ▷ [図形への応用]

縦 20 cm，横 40 cm の長方形がある。次の問いに答えなさい。

(1) 長方形の横を 30 ％短くするとき，縦を何％長くすれば正方形になるか求めよ。

(2) 長方形の横と縦を同じ長さだけ短くしたところ，面積が元の長方形の 48 ％になった。
何 cm 短くしたか求めよ。

078 ▷ [座標平面への応用]

右の図で，点 P は $y=x+a$ のグラフ上の点であり，点 Q は
PQ＝PO となる y 軸上の点である。また，点 Q の y 座標は
6 で，点 R は $y=x+a$ の切片である。△OPR の面積が 1 の
ときの a の値を求めなさい。ただし，$0<a<3$ とする。

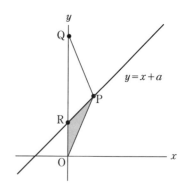

解答 別冊 p.16

最 高 水 準 問 題

079 次の2次方程式を解きなさい。

(1)　$(x+2)^2-(2x-3)^2=0$ 　　　　　　　　　　　　　　　　　　　　　　　（長崎・青雲高）

(2)　$x^2+(1-\sqrt{2}-\sqrt{3})x+\sqrt{6}-\sqrt{2}=0$ 　　　　　　　　　　　　　　（神奈川・慶應高）

(3)　$(6x-7)^2-17(6x-7)-60=0$ 　　　　　　　　　　　　　　　（鹿児島・ラ・サール高）

080 次の2次方程式を解きなさい。

(1)　$(3x+12)^2+(3x-9)^2=3^5$ 　　　　　　　　　　　　　　　　　　　（神奈川・慶應高）

(2)　$(1-2x)-(1-2x)^2=0$ 　　　　　　　　　　　　　　　　　　　　（兵庫・関西学院高）

(3)　$\dfrac{8}{100}(200-x)\times\dfrac{(200-2x)}{200}=200\times\dfrac{3}{100}$ （ただし，$0<x<200$） 　　　　（長崎・青雲高）

081 次の問いに答えなさい。

(1)　xの2次方程式 $x^2+ax+b=0$ の解が1，2のとき，xの2次方程式 $x^2+bx+a=0$ を解け。

　　　　　　　　　　　　　　　　　　　　　　　　　　　　　　　　　（東京・専修大附高）

(2)　xの2次方程式 $x^2-(a+1)x+a=0$ の解の1つが -2 と -1 の間にあり，xの2次方程式

　　$x^2-3x+a-4=0$ の解の1つが a であるとき，a の値は　　　である。 　　（東京・成城高）

(3)　2次方程式 $x^2-mx+8=0$ は正の解を2つもち，1つの解は他の解の2倍である。このとき，

　　$m=$　　　である。 　　　　　　　　　　　　　　　　　　　（東京・日本大豊山女子高）

(4)　2次方程式 $x^2+2x-2=0$ の2つの解より，それぞれ2だけ大きい解をもつ2次方程式を1つ求め

　　よ。

解答の方針

079 (2) $\sqrt{6}-\sqrt{2}=\sqrt{2}(\sqrt{3}-1)$ である。

082 次の問いに答えなさい。

(1) x の 2 次方程式 $x^2-(2a+1)x-(a-3)=0$ の 1 つの解は，$x^2-5x-6=0$ の解の小さい方と一致する。a の値を求めよ。　(大阪桐蔭高)

(2) x についての 2 次方程式

$$x^2+(a-6)x+6b=0 \cdots ①$$
$$x^2-(a-1)x-(b-2)=0 \cdots ②$$

において，①と②はいずれも 3 を解にもつ。このとき，a，b の値と①のもう 1 つの解を求めよ。

(長崎・青雲高)

083 正の 2 数 x と y が，$x^2+(y-4)^2=65$ をみたしている。このとき，

(1) $x=5$ ならば，$y=\boxed{}$ である。

(2) x と y がともに正の整数となるような x と y の組は，全部で $\boxed{}$ 組ある。　(愛知・東海高)

084 x についての 2 次方程式

$$x^2-ax+30=0 \cdots ①$$
$$x^2-22x+3b=0 \cdots ②$$

がある。a，b を自然数とするとき，

(1) 方程式①が $x=5$ を解にもつような a の値は $\boxed{}$ である。

(2) 方程式①の解が整数となるような a の値は $\boxed{}$ 個ある。

(3) 方程式①と②が共通の整数の解をもつような a と b の値の組は $\boxed{}$ 通りある。　(東京・成城高)

085 次の問いに答えなさい。

(1) 2 つの数 p と q がともに 2 次方程式 $x^2-3x+1=0$ の解であるとき，$p^2+q^2-3(p+q)+7$ の値を求めよ。

(神奈川・法政大二高)

(2) 2 次方程式 $x^2-4x+2=0$ の 2 つの解を a，b とするとき，$a^2b+ab^2+a^2+b^2$ の値は $\boxed{}$ である。

(東京・明治大付明治高)

難 **086** n を自然数とする。x についての 2 次方程式 $x^2-2x-n=0$ の解の 1 つを小数第 1 位で四捨五入すると 5 になるという。このような自然数 n のうち，最も小さいものと最も大きいものを求めなさい。

(鹿児島・ラ・サール高)

087 次の問いに答えなさい。

(1) 2 つの 2 次方程式 $6x^2-5x+1=0$ …① と $x^2+(3a-b)x-2(a-b)=0$ …② がある。①の 2 つの解のそれぞれの逆数が②の 2 つの解であるとき，定数 a，b の値を求めよ。 (千葉・市川高)

(2) x についての 2 次方程式 $x^2-x-12=0$ と $x^2-2kx+8k-2=0$ が共通な解をただ 1 つもつとき，$k=\boxed{}$ である。 (東京・明治大付明治高)

(3) a は，$a^2-4a=12$ をみたす数とする。このとき a^2-3a の値を求めよ。 (大阪・清風高)

難 (4) n は 2 以上の自然数である。n^2-1 が 1260 の約数となるような n をすべて求めよ。

(神奈川・横浜翠嵐高)

(5) 方程式 $\begin{cases} x^2+y^2=29 \\ x+y=3 \end{cases}$ を解け。 (神奈川・慶應高)

088 文化祭で，ワッフル 1 個の値段を 200 円にすると 1 日に 150 個売れ，1 個の値段を 200 円から 10 円ずつ値上げするごとに，1 日に売れるワッフルは 5 個ずつ減るものとする。このとき，次の問いに答えなさい。 (東京・日本大三高)

(1) ワッフル 1 個の値段を 50 円値上げした時の 1 日の売り上げ額を求めよ。

(2) ワッフル 1 個の値段を $\boxed{ア}$ 円にすると，1 日の売り上げ額が 30800 円になる。$\boxed{ア}$ に入る値をすべて求めよ。

解答の方針

086 解の公式を使って x を求めてみる。

087 (4)1260 の約数の中で 1 を加えると平方数になる数をさがす。

089 ある文房具店では，ノートを販売している。このとき，次の問いに答えなさい。

(1) ある日の開店前に，ノートAとノートBをともに同じ冊数用意した。売れた冊数は開店前の
ノートAとノートBの合計冊数の3割で，ノートAは160冊，ノートBは120冊売れ残った。こ
のとき，この日の開店前に用意したノートAの冊数を求めよ。

(2) ノートCを2日間販売した。1日目は開店前の t %が売れ，2日目は1日目の残りの t %が売れ，
2日間で売れた冊数は1日目の開店前の冊数の19 %だった。このとき，t の値を求めよ。
ただし，$0 < t < 100$ とする。
(東京・豊島岡女子高)

090 ある容器に20 %の食塩水が100 g入っている。この容器からある量の食塩水を取り出し，そ
のかわり同量の水を加えた。さらに先ほどの量の2倍の食塩水を取り出し，そのかわり同量の水を加
えたところ，14.4 %の食塩水ができた。はじめに何g取り出したか答えなさい。
(鹿児島・ラ・サール高)

難 091 2つの円柱A，Bがあり，Aは底面の半径が x，高さが y で，Bは底面の半径が y，高さが x
である。2つの円柱の体積の和が体積の差の5倍で，表面積の和が 40π であるとき，x と y の値をそ
れぞれ求めなさい。ただし，$x > y$ とする。
(東京・慶應女子高)

解答の方針

090 100 gの食塩水では，食塩の量と濃度(%)は等しい。

091 $x > y$ であることから，円柱A，Bの体積はどちらの方が大きいかわかる。

092 1周68kmのサイクリングコースのS地点を，Aは時計回り，B君は反時計回りに同時に出発した。A君は4時間48分でコースを1周し，そのまま走り続けた。B君はA君と初めてすれ違ってから，5時間後にS地点に到着した。次の問いに答えなさい。ただし，A君，B君の速さはそれぞれ一定とする。

(東京・海城高)

⑴　B君がコースを1周する時間を求めよ。

⑵　A君とB君が2回目にすれ違うのは，S地点から時計周りに何kmの地点か。

093 右の図のように1辺の長さが9mである正方形ABCDがあり，4点P，Q，R，Sはそれぞれ辺AB，BC，CD，DA上を動く。

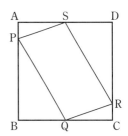

　点Pは頂点AからBまでを毎分1mの速さで，点Qは頂点BからCまでを毎分3mの速さで，点Rは頂点CからDまでを毎分1mの速さで，点Sは頂点DからAまでを毎分3mの速さで動く。

　4点P，Q，R，Sがそれぞれ頂点A，B，C，Dを同時に出発して，頂点B，C，D，Aに到着するまで動き続け，到着した点はその頂点にとどまるものとする。

　このとき，次の問いに答えなさい。

(広島大附高)

⑴　各点が動き始めてからx分後の四角形PQRSの面積は何m^2か。次のそれぞれの場合について，xを用いて表せ。

　①　$0 \leq x \leq 3$ のとき

　②　$3 \leq x \leq 9$ のとき

⑵　各点が動き始めてからa分後に，四角形PQRSの面積が$39\,m^2$となる。これをみたすaの値をすべて求めよ。

解答の方針

092 ⑵2回目にすれ違うときは，A君とB君合わせて2周走ったことになる。

4 関数 $y = ax^2$

重要 **094** [2乗に比例する関数]

次の問いに答えなさい。

(1) y は x の2乗に比例し，$x=3$ のとき $y=27$ である。このとき，x，y の関係を式に表せ。

(2) 関数 $y=ax^2$ で，$x=2$ のとき $y=-12$ である。$x=4$ のときの y の値を求めよ。

> ガイド $y=ax^2$ において，x，y の値がわかっているとき，代入すれば a の値が求まる。

095 [$y=x^2$ のグラフ]

右の図のように，x の変域を $-a \leqq x \leqq a+1$ とする関数 $y=x^2$ の
グラフがある。このグラフ上の点で y 座標が整数である点の個
数は偶数となる。このわけを，a を使った式を用いて説明しなさ
い。ただし，a は正の整数とする。

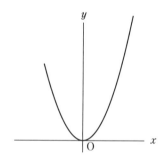

重要 **096** [$y=ax^2$ のグラフ①]

次の問いに答えなさい。

(1) 関数 $y=\dfrac{1}{2}x^2$ について，次の①〜③に答えよ。

① $x=4$ のときの y の値を求めよ。

② グラフを右の図にかけ。

③ x が2から4まで増加するときの変化の割合を求めよ。

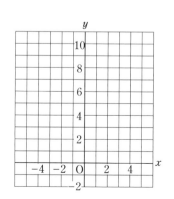

(2) 右の図の曲線は，関数 $y=ax^2$ のグラフである。グラフから，a の値を求めよ。

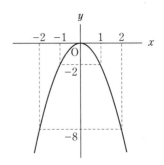

097 〉[$y=ax^2$ のグラフ②]

次の問いに答えなさい。

(1) 関数 $y=x^2$ の特徴として適切なものを，次の⑦～エからすべて選び，その記号を書け。

　⑦　変化の割合が一定である。

　①　x が増加するとき，$x<0$ の範囲では，y は減少する。

　⑦　この関数のグラフは原点を通る。

　エ　この関数のグラフは，y 軸について対称である。

(2) 関数 $y=-x^2$ について正しく述べたものを⑦～オのうちからすべて選び，その記号を書け。

　⑦　y は x に比例する。

　①　グラフは放物線で，下に開いている。

　⑦　グラフは，点 $(3, -6)$ を通る。

　エ　x の値が 2 から 4 まで増加するときの変化の割合は -6 である。

　オ　x の変域が $-5 \leqq x \leqq 1$ のときの y の変域は $-25 \leqq y \leqq -1$ である。

(3) x 軸を対称の軸として，関数 $y=2x^2$ のグラフと線対称であるのはどの関数のグラフか。次の⑦～オの中から正しいものを 1 つ選び，その記号をかけ。

　⑦　$y=2x^2$ 　　　　　　①　$y=-2x^2$ 　　　　　　⑦　$y=-x^2$

　エ　$y=\dfrac{1}{2}x^2$ 　　　　　　オ　$y=-\dfrac{1}{2}x^2$

ガイド　$y=ax^2$ のグラフは，原点を通り，y 軸に関して対称である。このグラフを放物線という。

　　　$a>0$ のとき，関数 $y=ax^2$ は，$x>0$ の範囲では x が増加すると y も増加し，

　　　　　　　　　　　　　　　$x<0$ の範囲では x が増加すると y は減少する。

　　　$a<0$ のとき，関数 $y=ax^2$ は，$x>0$ の範囲では x が増加すると y は減少し，

　　　　　　　　　　　　　　　$x<0$ の範囲では x が増加すると y も増加する。

098 **[関数 $y=ax^2$ のグラフ③]**

右の図において，放物線 m は関数 $y=x^2$ のグラフを表す。点
A は m 上の点であり，その x 座標は正である。B は y 軸上の
点であり，その y 座標は 3 である。点 O と点 A，点 A と点 B
とをそれぞれ結んでできる △OAB の面積が 4 であるとき，点
A の y 座標を求めなさい。

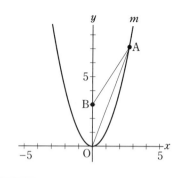

> ガイド △OAB の底辺を OB，高さを点 A の x 座標とみて式を立てる。

重要 099 **[放物線と直線①]**

右の図のように，関数 $y=\dfrac{1}{2}x^2$ のグラフ上に 2 点 A，B があり，

それぞれの x 座標は -4，2 である。直線 AB と y 軸との交点を
C とするとき，次の問いに答えなさい。

(1) 直線 AB の式を求めよ。

(2) △AOB の面積を求めよ。

(3) 点 C を通り，△AOB の面積を 2 等分する直線の式を求めよ。

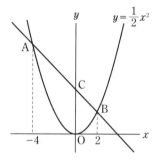

> ガイド (3)△AOC と △COB の面積の大小関係から，求める直線は点 C を通り，右上がりの直線である。こ
> の直線が直線 OA と交わる点 D の x 座標を t として，△OCD$=2$ となればよい。

100 **[変化の割合①]**

下のそれぞれの関数について，x が次のように増加するときの変化の割合を求めなさい。

(1) $y=\dfrac{1}{2}x^2$，-4 から -2 まで

(2) $y=-\dfrac{1}{2}x^2$，2 から 4 まで

> ガイド x の関数 y について，x が a から b まで増加したとき，x の増加量に対する y の増加量の割合を，x
> が a から b まで増加したときの変化の割合という。
>
> > 変化の割合$=\dfrac{y\text{の増加量}}{x\text{の増加量}}$
>
> 1 次関数では変化の割合は常に一定で x の係数に等しい。
> 1 次関数と定数関数（変化の割合は 0）以外の関数では，x がどの値からどの値まで増加するかによ
> って，変化の割合は異なってくる。

重要 101 ⟩ [変化の割合②]

関数 $y=ax^2$ において，x の値が 2 から 4 まで増加するときの変化の割合は 2 である。このとき，a の値を求めなさい。

重要 102 ⟩ [変域①]

次の問いに答えなさい。

(1) 関数 $y=ax^2$ について，x の変域が $-2 \leq x \leq 3$ のとき，y の変域は $-3 \leq y \leq 0$ である。このとき，a の値を求めよ。

(2) 関数 $y=\dfrac{1}{2}x^2$ で，x の変域を $a \leq x \leq 2$ とすると，y の変域は $b \leq y \leq 8$ となる。a, b の値を求めよ。

> **ガイド** 2次関数の変域は，グラフで考える。

103 ⟩ [変域②]

次の問いに答えなさい。

(1) n を 2 以下の整数とする。関数 $y=x^2$ の x の変域が $n \leq x < 3$ のとき，y の変域が $0 \leq y < 9$ となる n の値をすべて求めよ。

(2) 関数 $y=-\dfrac{1}{4}x^2$ について，x の変域が $a \leq x \leq a+5$ であるとき，y の変域が $-4 \leq y \leq 0$ となるような a の値をすべて求めよ。

104 ⟩ [いろいろな事象と関数・物体の落下時間と落下距離]

高いところからものを自然に落とすとき，x 秒後までに落ちる距離を y m とすると，x と y には，$y=5x^2$ という関係があるとする。

このとき，落ち始めて 3 秒後から 5 秒後までの間の平均の速さを求めなさい。

> **ガイド** 時間を変数 x で表し，運動した距離を変数 y で表した場合，変化の割合は平均の速さを表す。

34

◆重要 105 〉[放物線の式]

次の問いに答えなさい。

(1) 関数 $y=ax^2$ のグラフが点 $(3, 2)$ を通るように，a の値を定めよ。

(2) 次の条件にあてはまる放物線は，それぞれどのような関数のグラフか。

① 原点を頂点とし，点 $(-3, 4)$ を通る放物線。

② y 軸を対称軸とし，2 点 $(0, 0)$，$(-2, -2)$ を通る放物線。

106 〉[放物線と直線②]

放物線 $y=ax^2$（a は正の定数）が，2 点 A$(-3, 0)$，B$(0, 3)$ を通る直線と交わっているとき，次の問いに答えなさい。

(1) 直線 AB の方程式を求めよ。

(2) 放物線と直線 AB の交点の 1 つを P とするとき，△OPB の面積が 9 となるような a の値を求めよ。

> ガイド 原点を頂点とする放物線 $y=ax^2$ と直線 $y=bx+c$ との交点の x 座標は，方程式 $ax^2=bx+c$ を解いて得られる。この方程式に異なる 2 つの解があれば，放物線と直線とは 2 点で交わっていることを示し，解が 1 つ（重解）あれば，放物線と直線が接していることを示している。解がないときは，放物線と直線は共有点がないことを示している。

◆重要 107 〉[放物線と直線③]

右の図のように，放物線 $y=ax^2$（$a<0$）と直線が，点 A$(4, -8)$ と点 B で交わり，点 B の y 座標は -2 である。次の問いに答えなさい。

(1) a の値を求めよ。

(2) 点 B の x 座標と，直線 AB の方程式を求めよ。

(3) △OAB の面積を求めよ。

(4) y 軸上の点 P$(0, p)$（$p<0$）とすると，△OAB と △ABP の面積比が 1：3 となるとき，p の値を求めよ。

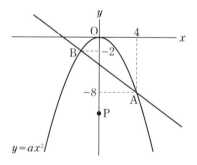

重要 | 108 ﹀ **[放物線と直線④]**

図1，図2のように，関数 $y = x^2$ のグラフ上に2点
B$(-3, b)$，C$(2, 4)$ がある。次の問いに答えなさい。

(1) 点Bの y 座標 b の値を求めよ。

(2) 直線BCの式を求めよ。

(3) $\triangle$OBC の面積を求めよ。

(4) さらに，図2のように，x 軸上に点Qをとる。

BQ＋CQ の長さが最短となるときの点Qの x 座標を求めよ。

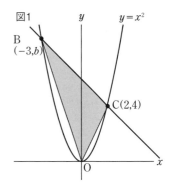

図1

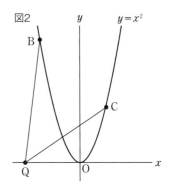

図2

| 109 ﹀ **[2次関数の応用]**

右の図のように，関数 $y = x^2$ のグラフがある。関数 $y = x^2$ のグラフ
上に2点 A，B を，線分ABが x 軸に平行で長さが6であるように
とる。また，関数 $y = x^2$ のグラフ上に x 座標が t である点Pをとり，
直線APが x 軸と交わる点をQとする。なお，t は正の数であり，
点Pは点Bと異なる点とする。次の問いに答えなさい。

(1) 点Bの座標を求めよ。

(2) $t = 2$ のとき，直線APの傾きを求めよ。

(3) $t = 4$ のとき，線分PAと線分AQの長さの比を，最も簡単な整
数の比で表せ。

(4) $\triangle$APB の面積が24になる t の値をすべて求めよ。

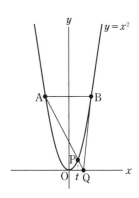

最 高 水 準 問 題

解答 別冊 p.25

110 点 $(-2, -2)$ を通り，傾き 2 の直線を ℓ とし，ℓ が放物線 $y = x^2$ と交わる 2 点を P，Q とする。右の図のように，P，Q から x 軸に下した垂線をそれぞれ PA，QB とするとき，線分 AB の長さを求めなさい。

（兵庫・関西学院高）

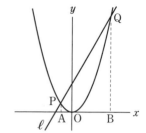

111 右の図のように，点 P$(-6, 0)$ を通る直線が，放物線 $y = x^2$ と 2 点 A，B で交わっていて，PA：AB $= 4 : 5$ である。このとき，次の問いに答えなさい。

（大阪星光学院高）

(1) 点 A，B の座標を求めよ。

(2) △OAB の面積を求めよ。

(難) (3) △OAB を y 軸の周りに一回転させてできる立体の体積を求めよ。

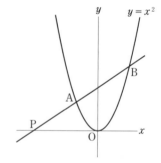

解答の方針

110 点 P，Q は直線 ℓ と放物線 $y = x^2$ のどちらの方程式もみたす点であるから，連立方程式を解けばよい。

111 (1) PA：AB $= 4 : 5$ であるから，PA：PB $= 4 : 9$ である。

A(a, a^2)，B(b, b^2) とおき，x 座標，y 座標に着目してそれぞれ式を立てると

$|a - (-6)| : |b - (-6)| = 4 : 9$

$a^2 : b^2 = 4 : 9$

(2) 直線 AB と y 軸の交点を C とすると △OAB ＝ △OAC ＋ △OBC

(3) △OAB を y 軸に関して折り返し，回転させる図形を確認する。

112 右の図のように，2つの関数 $y=\dfrac{1}{2}x^2\cdots$①，$y=\dfrac{a}{x}\cdots$②のグラフと，直線 ℓ のグラフがある。関数①，②のグラフは点 A で交わり，関数①と直線 ℓ のグラフは点 B，C で交わっている。点 A，B，C の x 座標はそれぞれ 2，-2，4 である。このとき，次の問いに答えなさい。ただし，座標の1目盛りは 1 cm である。

(福岡大附大濠高)

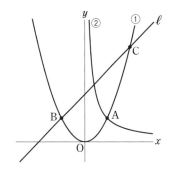

(1) 点 A の y 座標を求めよ。

(2) a の値を求めよ。

(3) 直線 ℓ の方程式を求めよ。

(4) 三角形 ABC の面積を求めよ。

(5) 線分 AB を軸に三角形 ABC を1回転させてできる立体の体積を求めよ。

113 右の図のように，関数 $y=x^2\cdots$㋐，関数 $y=-\dfrac{1}{2}x^2\cdots$㋑のグラフがある。㋐のグラフ上に点 A と B を，㋑のグラフ上に点 C と D を四角形 ABCD が長方形となるようにとる。点 A の座標を $(t,\ t^2)$ とするとき，次の問いに答えなさい。ただし，$t>0$ とする。

(東京・豊島岡女子学園高)

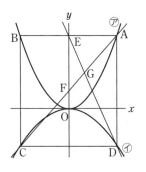

(1) $t=1$ のとき，直線 AC の式を求めよ。

(2) 四角形 ABCD が正方形となるときを考える。

① t の値を求めよ。

② 辺 AB と y 軸との交点を E，直線 AC と y 軸との交点を F，直線 AC と直線 DE との交点を G とする。F を通り三角形 CDG の面積を2等分する直線の式を求めよ。

解答の方針

112 (4)線分 AB を底辺とみると，高さは (点 C の y 座標-2) になる。

(5)体積を求める立体は円錐から円錐をくりぬいた立体になる。

113 (2)① AB＝AD となるように t の値を定める。

② 等積変形を用いて，求める直線と直線 CD との交点の位置を考える。

114 右の図のように，関数 $y=ax^2$ …① のグラフ上に2点A，Bがあり，それぞれの x 座標は -4，6 である。また，この2点を通る直線の傾きは1である。

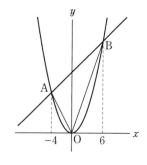

このとき，次の問いに答えなさい。　　　　　　　　　　（大阪・清風高）

(1)　a の値を求めよ。

(2)　$\triangle$AOB の面積を求めよ。

(3)　①のグラフ上に点Pをとる。点Aから点Bまでの間にとったとき，

$\triangle$APB の面積が $\triangle$AOB の面積の $\dfrac{2}{3}$ 倍になった。このような点Pは2つある。このうち1つは

$(-2, 2)$ である。もう1つの点の座標を求めよ。

(4)　(3)の2つの点Pを P_1，P_2 とする。4点A，P_1，P_2，Bを頂点とする四角形の面積を原点を通る直線で2等分するとき，この直線の傾きを求めよ。

115 a，b は $a>1$，$0<b<1$ を満たす定数とする。$y=x^2$ のグラフと直線 $x=a$ との交点をAとし，点Aを通り傾きが -1 の直線と，$y=bx^2$ のグラフの $x>0$ の部分との交点をBとする。

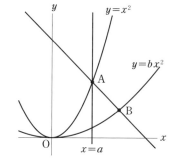

$\triangle$OAB が，OA＝OB の二等辺三角形で，その面積が6である。このとき，次の問いに答えなさい。　　　　　　　　（兵庫・灘高）

(1)　a，b の値を求めよ。

(2)　$y=bx^2$ のグラフの $x<0$ の部分に点Cをとると，$\triangle$OAC の面積が6となった。点Cの x 座標を求めよ。

解答の方針

114 (4) 4点A，P_1，P_2，Bを頂点とする四角形は台形であるから，求める直線は，線分ABの中点をM，線分 P_1P_2 の中点をNとおくと，線分MNの中点を通ればよい。

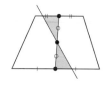

116 右の図のように，放物線 $y=x^2$ と直線 $y=ax+3a$（a は正の定数）の交点を A，B とし，B と x 座標が等しい x 軸上の点を C とする。また，放物線 $y=x^2$ と直線 AC の交点で，点 A でないものを D とする。点 A の座標が $(-1,\ 1)$ であるとき，次の問に答えなさい。

（山梨・駿台甲府高）

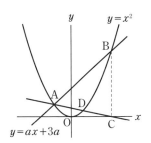

(1) a の値を求めよ。

(2) 点 D の x 座標を求めよ。

(3) 右の図のように，線分 AB 上に点 P をとり，線分 PC と放物線 $y=x^2$ の交点を Q とする。△CQD と四角形 DQPA の面積比が $1:4$ であるとき，CQ：QP を最も簡単な整数比で表せ。

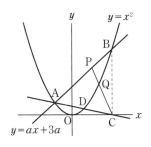

117 原点を O とする。放物線 $y=x^2$ と直線 $y=2x+3$ との交点を P，Q とする。ただし，点 P の x 座標よりも点 Q の x 座標の方が大きいとする。このとき，次の問いに答えなさい。

（東京・早稲田大高等学院）

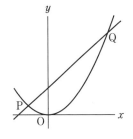

(1) 点 P，点 Q の座標をそれぞれ求めよ。

(2) △OPQ の面積を求めよ。

（難）(3) △OPQ を x 軸のまわりに 1 回転させたときに △OPQ が通ったあとにできる立体の体積を求めよ。

（難）(4) △OPQ を y 軸のまわりに 1 回転させたときに △OPQ が通ったあとにできる立体の体積を求めよ。

解答の方針

116 (3) 右の図の三角形において，

△ADE：△ABC ＝（AD×AE）：（AB×AC）

である。このことを用いる。

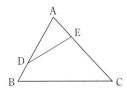

118 座標平面上に 3 点 A$(-5, -25)$，B$(3, -9)$，C$(2, 5)$ がある。次の問いに答えなさい。

（東京・開成高）

(1) 直線 AB の式を求めよ。

(2) 放物線 $y = -x^2$ 上にあり，△ABC と △ABP の面積が等しくなる点 P の座標をすべて求めよ。

119 1 辺の長さが 8 cm の正方形 ABCD がある。点 P と点 Q はそれぞれ頂点 A，B を出発し，右の図のように反時計回りに，辺上を秒速 1 cm，2 cm の速さで移動する。移動を始めて x 秒後の △APQ の面積を y cm^2 とし，点 Q が 1 周する間の x と y の関係を調べたい。次の問いに答えなさい。

（京都・同志社高）

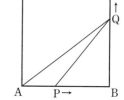

(1) $0 \leqq x \leqq 12$ のときの x と y の関係式を求め，右のグラフを完成させよ。

(2) $12 \leqq x \leqq 16$ のときの x と y の関係式を求めよ。

(難)(3) △APQ の面積が 21 cm^2 となるときの x の値を求めよ。

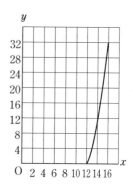

解答の方針

118 (2) 点 C を通り直線 AB に平行な直線と放物線 $y = -x^2$ との交点を求める。また，その直線と直線 AB に関して対称な直線と放物線 $y = -x^2$ との交点も忘れずに求める。

119 (3) グラフを利用する。直線 $y = 21$ と(1)(2)のグラフとの交点の x 座標が求める値である。

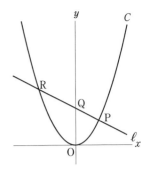

120 右の図は，放物線 $C : y = \dfrac{1}{4}x^2$ について，x 座標が4である C 上

の点を P とし，点 P を通り傾きが $-\dfrac{1}{2}$ である直線を ℓ とする。ℓ と y

軸との交点を Q とし，ℓ と C の交点のうち P でない点を R とする。こ

のとき，次の問いに答えなさい。 （埼玉・慶應志木高）

(1) 点 R の座標を求めよ。

(2) △OPR の面積を求めよ。

(3) 線分 PQ の垂直二等分線の方程式を求めよ。

(4) 点 P を通り y 軸に平行な直線を m とし，直線 ℓ を対称の軸として，直線 m と対称な直線を n と
する。直線 n と y 軸との交点を S とするとき，点 S の y 座標を求めよ。

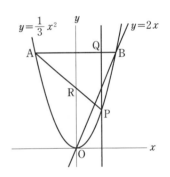

121 関数 $y = \dfrac{1}{3}x^2$ のグラフ C と直線 $y = 2x$ が原点 O と点 B で交

わっており，y 軸に関して点 B と対称な点を A とする。また，点
P がグラフ C 上を点 A から点 B まで動いている。点 P を通り y 軸
に平行な直線を引き，線分 AB との交点を Q とする。このとき，
次の問いに答えなさい。 （東京・青山学院高等部）

(1) 点 A の座標を求めよ。

(2) AQ＝PQ であるとき，点 P の座標と，線分 AP と y 軸との交
点 R の座標を求めよ。

(3) (2)のとき，△PQR と △PBA の面積比を最も簡単な整数の比で表せ。

(4) (2)のとき，線分 OB 上に点 S をとったところ，△BQS と △PQR の面積が等しくなった。点 S の
座標を求めよ。

───────────────

解答の方針

120 (3) 求める方程式は直線 ℓ に対して垂直に交わり，また線分 PQ の中点を通る。

　　(4) (3)で求めた直線が点 S とどのような関係にあるかを考える。

121 (2) AQ＝PQ から，直線 AP の傾きを求める。

　　(4) 点 S は直線 OB 上にあることから，S$(s, 2s)$ $(0 \le s \le 6)$ とおいて考える。

122 右の図のように，放物線 $y=x^2$ と直線 $y=\dfrac{5}{2}x-\dfrac{9}{16}$ が2点
A，Cで交わっている。四角形 ABCD は平行四辺形であり，点 B
の y 座標は $\dfrac{7}{2}$，点 D は y 軸上にある。このとき，次の問いに答え
なさい。 (鹿児島・ラ・サール高)

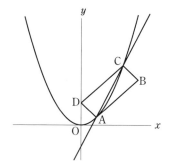

(1) A，C の座標をそれぞれ求めよ。

(2) B，D の座標をそれぞれ求めよ。

難(3) 放物線上に C と異なる点 P をとると，四角形 ABCD の面積が
△DAP の面積の2倍となった。このとき，P の x 座標を求めよ。

123 図のように，放物線 $y=3x^2$ 上に3点 A，B，C があり，直線
AB は x 軸に平行，点 A の x 座標は -3 である。また，直線 BC は放
物線 $y=3x^2$ と直線 AB とで囲まれた部分の面積を二等分しており，そ
の傾きは a である。このとき，次の問いに答えなさい。

(埼玉・慶應志木高)

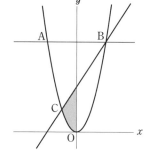

(1) 直線 BC の方程式を a を用いて表せ。

(2) △BOC の面積 S を a を用いて表せ。

難(3) 図の斜線部分の面積 T を a を用いて表せ。

解答の方針

122 (2)四角形 ABCD は平行四辺形なので，平行四辺形の定義や性質を用いる。

(3)線分 AC を平行四辺形 ABCD の対角線とみたとき，面積をどのように分けることができるかを考える。

123 (2)文字の入った因数分解に注意する。また，x^2 の係数を1にして因数分解をする。

(3) T と同じ面積の部分を見つける。

124 放物線 $y = \dfrac{1}{2}x^2$ 上に x 座標がそれぞれ 2，4 である 2 点 A，

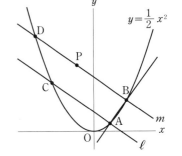

B をとる。点 A を通り，切片が 5 である直線を ℓ，点 B を通り直線 ℓ に平行な直線を m とする。直線 ℓ，m と放物線との交点のうち，A，B と異なる点をそれぞれ C，D とする。線分 BD 上に点 P をとる。このとき，次の問いに答えなさい。

(1) 直線 ℓ の式を求めよ。

(2) 点 C の座標を求めよ。

(3) 四角形 ABPC が平行四辺形になるとき，点 P の x 座標を求めよ。

(4) y 軸によって四角形 ABPC を面積の等しい 2 つの四角形に分けるとき，点 P の x 座標を求めよ。

(5) △PAB の面積が四角形 ABPC の面積の $\dfrac{3}{10}$ 倍となるように点 P をとり，四角形 ABPC を y 軸によって 2 つに分ける。この 2 つのうち，点 A を含む方の図形の面積を S，四角形 ABPC の面積を T とするとき，$S : T$ を求めよ。

(奈良・西大和学園高)

解答の方針

124 (4) 2 つの四角形は台形になるので，上底と下底の和が等しければよい。

(5) 高さが等しい三角形の面積の比は，底辺の比と等しくなる。

2 つの平行線の間にできる三角形はいずれも高さが等しくなる。

5 図形の相似

解答 別冊 p.34

重要 125 [相似な図形の対応する辺と角]

次の問いに答えなさい。

　下の3つの三角形 ABC，A′B′C′，A″B″C″ は相似である。

(1) △A′B′C′，△A″B″C″ の △ABC に対する相似比を求めよ。

(2) 図の中に記入されていない辺の長さと角の大きさをすべて求めよ。

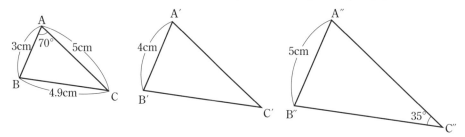

> **ガイド** 相似：1つの図形を形を変えずに拡大・縮小したとき，その図形はもとの図形とたがいに相似であるという。2つの図形 F，G が相似であることを記号 ∽ を使って $F \backsim G$ と表す。
>
> 相似比：相似な図形の対応する部分の長さの比はすべて等しい。その比またはその比の値を相似比という。特に相似比が1であるとき2つの図形は合同である。合同は相似の特別の場合といえる。
>
> 相似な2つの多角形の対応する辺の長さの比は等しく，対応する角の大きさも等しい。

126 [相似の中心と相似の位置]

相似の中心を(1)～(4)のようにとったとき，△ABC を 1.5 倍に
拡大した △A′B′C′ を作図しなさい。

(1) 点 B(O)
(2) 辺 BC 上の点 O_1
(3) △ABC の内部の点 O_2
(4) △ABC の外部の点 O_3

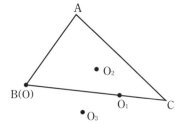

> **ガイド** 相似の中心・相似の位置：2つの図形の対応する点を通る直線がすべて1点 O で交わり，O から対応する点までの長さの比がすべて等しいとき，O は相似の中心といい，2つの図形は相似の位置にあるという。相似の位置にある2つの図形はたがいに相似であり，対応する線分は平行である。

127 [三角形の相似条件]

△ABC と △DEF がある。次の(1), (2)の各場合にあとどのような条件がつけ加わると

△ABC∽△DEF となるか。ほかの条件を述べなさい。

(1) ∠B＝∠E　　　　　　　(2) BC：EF＝CA：FD

> **ガイド** 三角形の相似条件：2つの三角形が，次の条件のいずれかをみたすとき，相似である。
> (ⅰ) 対応する3組の辺の比がすべて等しい。
> (ⅱ) 対応する2組の辺の比とその間の角がそれぞれ等しい。
> (ⅲ) 対応する2組の角がそれぞれ等しい。

128 [相似である図形の辺の長さを求める]

次の問いに答えなさい。

(1) 右の図で，△ABC∽△DEF であると
き，△ABC と △DEF の相似比を求め，
x の値を求めよ。

(2) 右の図において，
四角形 ABCD∽四角形EFGH であり，
BC＝12 cm，EF＝6 cm，FG＝9 cm の
とき，四角形 ABCD と四角形 EFGH
の相似比を求め，辺 AB の長さを求め
よ。

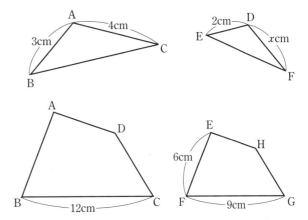

> **ガイド** 相似の図形で対応する辺の長さの比を相似比という。
> 相似の位置にある2つの図形で，相似の中心から対応する点までの距離の比は，2つの図形の相似
> 比に等しい。

重要 129 [相似である図形を見つけて辺の長さを求める]

次の問いに答えなさい。

(1) 右の図で，線分 AB の長さを求めよ。

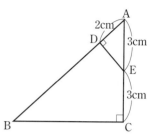

(2) 右の図のような，AB＝AC＝9cm，BC＝6cm の二等辺三角形 ABC が
あり，点 B から辺 AC に垂線 BH をひく。このとき，線分 CH の長さを
求めよ。

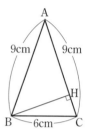

重要 130 [平行線と線分の比]

次の問いに答えなさい。

(1) 平行な3直線 ℓ, m, n に2本の直線が右の図のように
交わるとき，次の①，②が成り立つことを証明せよ。

① $\dfrac{AB}{BC}=\dfrac{A'B'}{B'C'}$　　② $\dfrac{AB}{A'B'}=\dfrac{BC}{B'C'}$

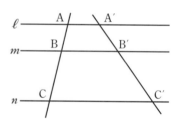

(2) 下の図のように，3直線 ℓ, m, n に2本の直線が交わっている。直線 ℓ, m, n がそれぞ
れ平行であるとき，x の値を求めよ。

①
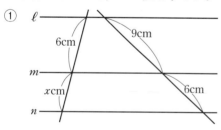

②
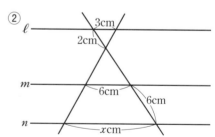

> **ガイド** 平行な3直線 ℓ, m, n に直線 p がそれぞれ点 A，B，C で交わり，直線 q がそれぞれ点 A′，B′，C′
> で交わるとき，AB：BC＝A′B′：B′C′ が成り立つ。
> この定理は，$\ell /\!/ m /\!/ n$ であれば，3直線の位置が入れかわっても成り立つ。

重要 131 **[三角形と平行線]**

右の図のように，三角形 ABC があり，点 D，E はそれぞれ
辺 AB，AC 上の点で，DE∥BC である。

　AD = 6 cm，DB = 4 cm，BC = 15 cm のとき，線分 DE の
長さを求めなさい。

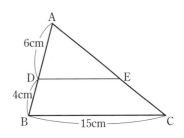

ガイド　△ABC の辺 AB，AC 上に，それぞれ点 D，E をとるとき，
　　　① DE∥BC ならば，AD : AB = AE : AC = DE : BC
　　　② DE∥BC ならば，AD : DB = AE : EC
　　　が成り立つ。また，この逆も成り立つ。

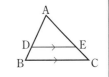

131 **[中点連結定理]**

次の問いを証明しなさい。

(1)　△ABC において，辺 AB の中点を M とし，点 M を通り
　　辺 BC に平行な直線が辺 AC と交わる点を N とするとき，
　　点 N は辺 AC の中点である。

(2)　△ABC において，辺 AB，AC の中点をそれぞれ M，N
　　とするとき，

　　①　MN∥BC　　　②　MN = $\frac{1}{2}$BC

　　である。

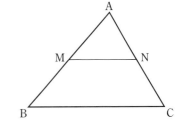

(3)　右の図の △ABC において，点 L，M はそれぞれ辺 AB，
　　AC の中点である。線分 BM，CL の交点を P とするとき，
　　BP : PM = 2 : 1 である。

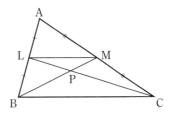

ガイド　中点連結定理：上の(1)，(2)を三角形の中点連結定理という。
　　　(3)まず，△ABC で中点連結定理を利用し，次に，LM∥BC だから平行線と線分の比を用いる。

重要 133 [中点連結定理を用いる]

右の図のように，三角形 ABC がある。点 D，E はそれぞれ辺 AB，AC の中点である。点 F は辺 BC 上の点であり，線分 AF と線分 DE，DC との交点をそれぞれ G，H とする。

DH：HC ＝ 1：3，GE ＝ 3 cm のとき，線分 BF の長さを求めなさい。

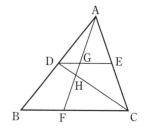

134 [面積比]

右の図において，△ABC は正三角形で，BD：DC ＝ 1：3，∠ADE ＝ 60° である。

(1) △ABD と △DCE は相似であることを証明せよ。

(2) △ADE と △ABC の面積比を最も簡単な整数比で表せ。

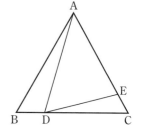

重要 135 [面積比と体積比]

右の図1のように，AB ＝ 10 cm，BC ＝ 12 cm，CD ＝ 6 cm，DA ＝ 4 cm，∠ADC ＝ ∠BCD ＝ 90° である台形 ABCD があり，線分 BA を延長した直線と線分 CD を延長した直線との交点を E とする。

このとき，次の問いに答えなさい。

(1) 線分 DE の長さを求めよ。

図1

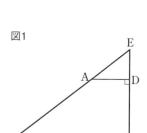

(2) 図1の △EBC を線分 EC を軸として1回転させる。このとき，△EAD を1回転させてできる立体の体積を V_1，台形 ABCD を1回転させてできる立体の体積を V_2 とするとき，次の問いに答えよ。

① V_1：V_2 を求めよ。

② V_2 を求めよ。

図2

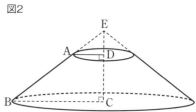

136 [相似を利用して面積や面積比を求める]

次の問いに答えなさい。

(1) 右の図において, AB＝5 cm, BC＝4 cm, CD＝2 cm, ∠ABC＝∠BCD＝90° である。このとき, △BCE の面積を求めよ。

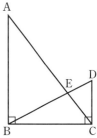

(2) 右の図のように, 3辺の長さが AB＝3 cm, BC＝5 cm, CA＝4 cm の直角三角形 ABC がある。このとき, 辺 AB, BC, CA 上にそれぞれ P, Q, R をとり正方形 APQR をつくる。かげの部分 △BPQ の面積を求めよ。

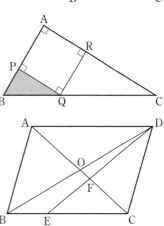

(3) 右の図のような平行四辺形 ABCD がある。平行四辺形の対角線 AC と BD の交点を O, 辺 BC を 1：2 に分ける点を E, 線分 AC と DE の交点を F とする。

このとき, 次の問いに答えよ。

① DF：FE を最も簡単な整数の比で表せ。

② 平行四辺形 ABCD の面積は, △DOF の面積の何倍か求めよ。

ガイド (2) 正方形の1辺を x とする。

(3) AO：OF：FC が分かればよい。

最 高 水 準 問 題 ━━━━━━━━━━━━━━ 解答 別冊 p.37

137 右の図のように, 平行四辺形 ABCD において, 辺 AB 上の AE:EB=2:1 である点を E, 辺 AD の中点を F, 線分 AC と線分 EF との交点を G とする。

∠AFE=30°, ∠BCE=11°, CG=4 cm のとき, ∠x の大きさと線分 AG の長さを求めなさい。 （石川県）

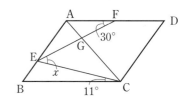

138 右の図の四角形 ABCD は平行四辺形で, 辺 AD, CD の中点をそれぞれ E, F とする。辺 AF と辺 EC の交点を G とするとき, 四角形 DEGF の面積は四角形 ABCD の面積の何倍か求めなさい。 （東京・海城高）

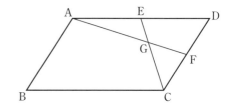

139 △ABC において, 線分 AB の中点を D とする。また, 線分 BC 上に ∠ADC=∠EDC となるような点 E, 線分 BD 上に CD∥EF となるような点 F をそれぞれ定める。このとき, 次の問いに答えなさい。 （千葉・市川高）

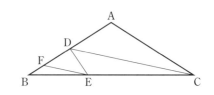

(1) △BCD∽△BEF を証明せよ。

　以下, AB=6, BE=4, DE=2 とする。

(2) BC:EC を最も簡単な整数の比で表せ。

🔺(3) 点 A を通り DE と平行な直線と直線 CD, BC との交点をそれぞれ G, H とする。このとき, △ABC と △CGH の面積比を最も簡単な整数の比で表せ。

解答の方針

137, 138 補助線をひく。

139 高さが同じ三角形の面積の比は, 底辺の長さの比に等しい。

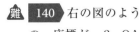 **140** 右の図のように放物線 $y=x^2$ 上に点 A, B, C がある。点 A の x 座標が -2, OA⊥AB, AB⊥BC であるとき, 次の問いに答えなさい。

（東京・法政大高）

(1)　点 B の座標を求めよ。

(2)　OA : BC を求めよ。

(3)　点 A を通り, 四角形 OACB の面積を 2 等分する直線の式を求めよ。

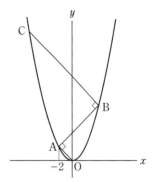

141 右の図のように 1 辺の長さが 8 cm の立方体 ABCD – EFGH において, 辺 AD, AB, DH の中点をそれぞれ点 M, N, L とする。点 A, L, F の 3 点を通る平面で切ったとき, その切り口と EM, EN との交点を P, Q とする。このとき, 次の問いに答えなさい。

（大阪桐蔭高）

(1)　4 点 A, E, M, N を頂点とする三角錐の体積を求めよ。

(2)　長さの比 MP : PE を最も簡単な整数の比で答えよ。

(3)　4 点 A, E, P, Q を頂点とする三角錐の体積を求めよ。

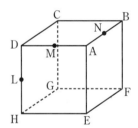

解答の方針

140 (1)線分 AB と y 軸との交点 E の座標を相似を利用して求める。直線 AB と放物線 $y=x^2$ との交点のうち, 点 A でない方が B である。

　　(3)求める直線と辺 BC との交点を P とおくと, △APC と台形 OBPA は, 高さが同じであることに着目する。

52

142 次の問いに答えなさい。

(1) 右の図のように，AD＝3 cm，BC＝7 cm，AD∥BC の台形 ABCD がある。対角線 AC，BD の中点をそれぞれ P，Q とするとき，線分 PQ の長さを求めよ。　　　　　　　（千葉・市川高）

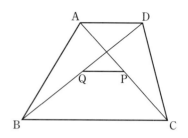

(2) 右の図の △ABC において，点 D，E は辺 AC を 3 等分する点，点 F は辺 BC の中点であり，線分 AF と BD の交点を G とする。EF＝5 であるとき，BG の長さを求めよ。　　　　（山梨・駿台甲府高）

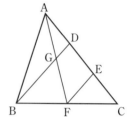

(3) 右の図のような AD∥BC の台形 ABCD がある。辺 AB を 2：3 に分ける点を E とし，辺 CD 上に EF∥BC となる点 F をとる。AD＝4 cm，BC＝7 cm のとき，EF の長さを求めよ。（千葉・和洋国府台女子高）

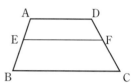

143 右図のように △ABC があり，辺 AB 上に AD：DB＝3：1 である点を D，辺 BC を 4 等分する 3 点を E，F，G，辺 CA の中点を H とする。このとき，次の □ にあてはまる数を答えなさい。

（山梨・駿台甲府高）

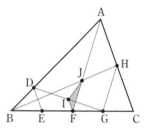

(1) 線分 DG の中点を I とする。このとき，線分 DE と線分 IF の長さの比は DE：IF＝ □ ：1 である。

(2) 線分 AF と線分 BH の交点を J とする。このとき，線分 AJ と線分 HG の長さの比は AJ：HG＝ □ ：3 である。

難 (3) △ABC の面積は △JIF の面積の □ 倍である。

解答の方針
143 (3)直線 FI と辺 AB との交点を K とおき，線分 BK と線分 KA の比を考える。

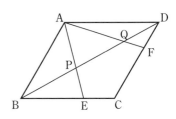

144 右の図のように, 平行四辺形 ABCD の辺 BC, CD 上にそれぞれ点 E, F をとり, BE : EC = 2 : 1, CF : FD = 2 : 1 とする。直線 AE, AF と対角線 BD との交点をそれぞれ P, Q とする。また, 平行四辺形 ABCD の面積を S とする。次の問いに答えなさい。 (大阪・近畿大附高)

(1) AD : BE を求めよ。

(2) AQ : QF を求めよ。

(3) △PBE の面積を S で表せ。

(4) △AQD の面積を S で表せ。

(5) BP : PQ : QD を求めよ。

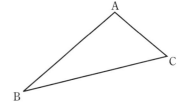

145 AB = 16 cm, AC = 9 cm の △ABC において, ∠A の二等分線と辺 BC との交点を D, 頂点 B から直線 AD に垂線をひき, その交点を E とする。

このとき, 右の図に指定された作図を行い, 次の問いに答えなさい。

(1) 定規とコンパスを用いて, 2 点 D, E を右上の図に作図せよ。ただし, 作図に用いた線は, 消さないでそのまま残しておくこと。

(2) 辺 BC の中点を F とするとき, 線分 EF の長さを求めよ。

難 (3) DE = DF となるとき, 辺 BC の長さを求めよ。 (東京・筑波大附高)

━━━━━━━━━━━━━━━━━━━━━━━━━━━━━━

解答の方針

145 (2)直線 AC と BE の交点を G とおき, △ABG がどんな三角形になるかを考える。

難 146 図1は，横 10 cm，縦 6 cm，高さ 8 cm の直方体の容器に水をいっぱい入れたものである。この状態から容器を傾け，水をこぼしていき，容器に残った水の体積を調べる学習をした。　　（山梨県）

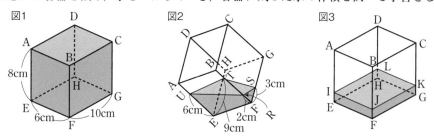

律子さんは，**図1**の状態から水をこぼしていき，あるところでこぼすのをやめ，傾いた角度を元に戻す途中でとめたところ，**図2**のように水面が四角形 RSTU となった。

ただし，FR = 2 cm，FS = 3 cm，ET = 9 cm，EU = 6 cm である。

このとき，次の問いに答えなさい。

(1) **図2**において，△FSR∽△ETU となることを証明せよ。

(2) **図3**は，**図2**の状態から，さらに角度を元に戻し，底面の長方形 EFGH と水面の長方形 IJKL が平行になった状態である。

このときの水の深さ JF を求めよ。

147 △ABC において，AD：DB = 3：2 となる AB 上の点を D，

AE：EC = 2：3 となる AC 上の点を E とし，BE と CD の交点を P とする。

このとき，次の問に答えなさい。

(1) △APB：△BPC を求めよ。

(2) △APC：△BPC を求めよ。

(3) △ABC：△BPC を求めよ。　　（東京・法政大高）

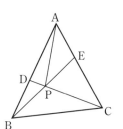

解答の方針

146 (2) 直線 UR と EF の交点をとる。

148 右の図のような，1辺の長さ4の正方形 ABCD がある。辺 BC 上に BP $= \dfrac{7}{6}$ となる点 P をとり，∠PAD を2等分する直線と辺 CD との交点を Q とする。このとき，次の問いに答えなさい。

(東京・巣鴨高)

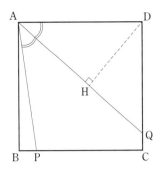

(1) AP の長さを求めよ。

(2) 点 D から線分 AQ に垂線 DH を下すとき，DH の長さを求めよ。

(3) 四角形 APCQ の面積を求めよ。

149 右の図のように，

放物線 $y = ax^2 \cdots$①

直線 $y = 4 \cdots$②

があり，x 軸上を $x > 0$ の範囲で動く点 P がある。

また，放物線①と直線②の交点を A，B とし，線分 AP と放物線①との交点を Q とする。点 A の x 座標が -3 のとき，次の問いに答えなさい。

(東京・成城高)

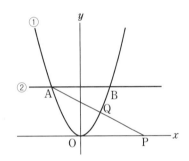

(1) a の値を求めよ。

難(2) 点 Q が線分 AP の中点となるとき，点 P の x 座標を求めなさい。また，△AOQ の面積を求めよ。

(3) 点 P の座標が $(6, 0)$ のとき，点 Q の座標を求めなさい。また，△AOQ と △BQP の面積の比を求めよ。

解答の方針

148 (1) ∠C ＝ 90°の直角三角形 ABC において，

$$AB^2 \quad = \quad BC^2 + AC^2$$

(斜辺の2乗)(他の2辺の2乗の和)

が成り立つことを利用する。(この定理を三平方の定理という。)

(2) 補助線として，点 P を通り，直線 AQ に平行な直線をひく。

6 円周角の定理

重要 150 [円周角と中心角]

次の問いに答えなさい。

(1) 右の図において，3点 A，B，C は円 O の周上の点であり，

点 D は点 A をふくまない $\overset{\frown}{BC}$ 上の点である。

∠ABO = 30°，∠ACO = 20° で ∠BOC が鈍角のとき，

∠BDC の大きさを求めよ。

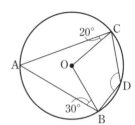

(2) 右の図で，点 A，B，C，D，E は円 O の円周上の点で，線分 BO，

DO は円 O の半径である。このとき，∠x の大きさを求めよ。

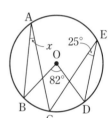

> ガイド　右の図で，∠APB を弧 AB に対する円周角，∠AOB を弧 AB に対する中心角という。$\frac{1}{2}a$
> 同じ弧に対する円周角の大きさは等しく，その弧に対する中心角の半分である。
> ∠APB = $\frac{1}{2}$∠AOB

151 [半円に対する円周角と円に内接する四角形]

右の図で，点 O は線分 AB を直径とする円の中心で，2点 C，D は
円 O の周上の点である。点 O と点 C，点 B と点 C，点 C と点 D，
点 D と点 A を結ぶ。

∠OCB = 61°のとき，∠ADC の大きさを求めなさい。

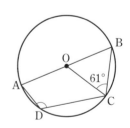

> ガイド　半円に対する円周角の大きさは 90° である。
> 円に内接する四角形の向かい合う内角の和は 180° である。　∠a + ∠b = 180°

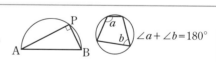

重要 152 〉[接線の性質と円周角]

右の図のように円 O の周上に 2 点 A, B を ∠ABO＝33°
となるようにとる。

　点 A における円 O の接線と直線 BO との交点を C とす
るとき，∠ACB の大きさを求めなさい。

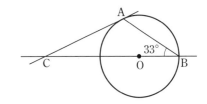

152 〉[弧の長さに対する円周角の大きさ]

右の図で，点 O は線分 AB を直径とする半円の中心である。

点 O を通り線分 AB に垂直な直線と $\overset{\frown}{AB}$ との交点を C とす
る。

　点 P は $\overset{\frown}{AC}$ 上の点であり，$\overset{\frown}{AP}:\overset{\frown}{PC}＝2:3$ である。点 B
と点 C，点 B と点 P をそれぞれ結ぶ。

鋭角である ∠PBC の大きさを求めなさい。

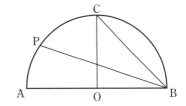

重要 154 〉[同じ弧に対する円周角]

右の図で，x の値を求めなさい。

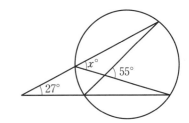

重要 155 〉[円周角の定理の逆]

右の図のように，△ABC がある。BD＝DC，BE⊥AC，CF⊥AB,
∠EDF＝58°のとき，∠x の大きさを求めなさい。

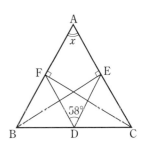

ガイド 円周角の定理の逆

　2 点 C, D が直線 AB について同じ側にあるとき，∠ADB＝∠ACB ならば，
　4 点 A, B, C, D は 1 つの円周上にある。

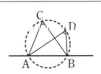

最 高 水 準 問 題 ——————————————————— 解答 別冊 p.44

156 次の問いに答えなさい。

(1) AB＝AC である二等辺三角形 ABC が円に内接している。図のように，

弧 AB の劣弧（短い方の弧）上に $\overset{\frown}{AD}:\overset{\frown}{DB}=2:1$ となるように点 D をと

る。AC∥DB であるとき，∠BAC の大きさを求めよ。

（東京・青山学院高等部）

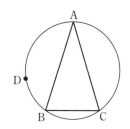

(2) 右の図の線分 AB を直径とする半円 O は，

$\overset{\frown}{AC}=\overset{\frown}{CD}=\overset{\frown}{DE}=\overset{\frown}{EF}=\overset{\frown}{FB}$ をみたす。このとき，∠x の大きさを求

めよ。 （東京・日本大三高）

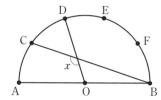

難 157 右の図のように円周上に 4 点 A，B，C，D をとる。AC は円の直径

である。さらに∠BAD の 2 等分線をひき，円との交点を E，CD との交点

を P，BC の延長との交点を Q とおく。このとき，PE＝EQ であることを証

明しなさい。 （大阪教育大附高池田校舎）

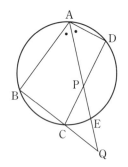

難 158 右図のような円に内接する四角形 ABCD がある。対角線 AC，BD

上にそれぞれ点 P，Q を PQ∥CD となるようにとる。また，2 本の対角線

の交点を E とする。次の問いに答えなさい。 （福岡・久留米大学附設高）

(1) 4 点 A，B，P，Q は同一円周上にあることを証明せよ。

(2) さらに，AQ∥BC であるとき，BP∥AD となることを証明せよ。

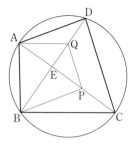

解答の方針

157 CE⊥PQ，△CPQ は二等辺三角形であることを証明する。

158 (1)「4 点 A，B，P，Q は同一円周上にある。」ことをいうためには，円周角が等しくなる点を考える。

(2)「BP∥AD ⇔ 錯角が等しい（同位角が等しい）」ことを考える。

159 次の図の ∠x の大きさを求めなさい。

(1) 円 O と直線 ℓ は点 A で接している。

（京都・洛南高）

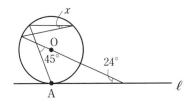

(2) A，B，C，D は円周上の点とする。

（東京・成蹊高）

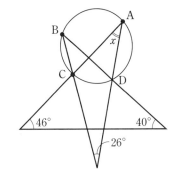

160 右の図のように，円 O の周上に異なる 3 点 A，B，C をとる。
∠ABC の二等分線と円 O との交点で点 B とは異なる点を D とし，線分
AC と線分 BD との交点を E とする。

また，線分 BC 上に点 F を DC∥EF となるようにとる。

このとき，△ABE と △EBF が相似であることを証明しなさい。

（神奈川・鎌倉高）

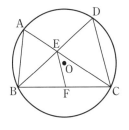

難 161 右の図の △ABC において，円 O_1 は，点 B，C を通り辺 AB，AC
とそれぞれ点 P，Q で交わる。円 O_2 は辺 AB，BC，CA および線分 PQ
とそれぞれの点 D，E，F，R で接する。AB＝9，BC＝6，CA＝8 のとき，
線分 PQ の長さを求めなさい。 （東京・中央大杉並高）

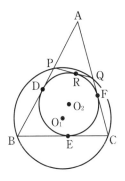

解答の方針

159 (1) 点 O と A を直線で結ぶ。

(2) 三角形の 1 つの外角は，それと隣り合わない 2 つの内角の和に等しいことを利用する。

7 三平方の定理

162 [三平方の定理の証明①]

3辺の長さが a, b, c である直角三角形がある。直角の頂点 A から斜辺 BC に垂線をひき，辺 BC との交点を H とする。$b^2 + c^2 = a^2$ を次のように証明した。

[　] に適当な記号を入れなさい。

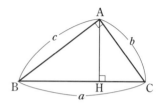

(証明)　△ABC と △HAC で，∠C は共通，∠BAC = ∠ [(1)] = 90°

2角がそれぞれ等しいから，△ABC [(2)] △HAC …①

同様にして，△ABC [(2)] △ [(3)] …②

①と②から，△ABC [(2)] △HAC [(2)] △ [(3)]

この3つの三角形の斜辺の長さの比は $a : b : c$ である。

ゆえに，それぞれの面積について，$\dfrac{△ABC}{[(4)]} = \dfrac{△HAC}{[(5)]} = \dfrac{△[(3)]}{[(6)]} = k$

したがって，△ABC $= k$ [(4)]，△HAC $= k$ [(5)]，△ [(3)] $= k$ [(6)]

ところが，△HAC $+$ △ [(3)] $=$ △ABC

だから，k [(5)] $+ k$ [(6)] $= k$ [(4)]

ゆえに，[(5)] $+$ [(6)] $=$ [(4)]

ガイド　三平方の定理（ピタゴラスの定理）

　　直角三角形の直角をはさむ2辺の長さを a, b，斜辺の長さを c とすると，

　　　　$a^2 + b^2 = c^2$

---

163 [三平方の定理の証明②]

右のような図がある。それぞれの面積の間に，

△SAP $+$ △PBQ $+$ △QCR $+$ △RDS $+$ (正方形 PQRS) $=$ (正方形 ABCD)の関係があることを利用して，三平方の定理（ピタゴラスの定理）$b^2 + c^2 = a^2$ を証明しなさい。

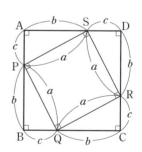

164 **[三平方の定理の証明③]**

右の図のように，直角三角形 ABC の各辺を 1 辺とする正
方形 BDEC，CFGA，AHIB をつくり直角の頂点 A から
斜辺へひいた垂線と BC，DE との交点をそれぞれ J，K
とするとき，$CA^2 + AB^2 = BC^2$ である。

　これを次のように証明した。

　□ の中に適当な記号を入れなさい。

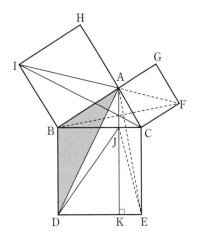

(証明)　△BCI と △BDA において

　　　　BC = □(1) …①

　　　　BI = □(2) …②

　　　　∠CBI = ∠□(3) + 90°

　　　　∠□(4) = ∠□(3) + 90°

　　　　ゆえに，∠CBI = ∠□(4) …③

　　　　①，②，③から，△BCI □(5) △□(6)（2 辺とその間の角が等しい）

　　　　ゆえに，△BCI = △□(6) …④

　　　　ここで四角形 IBAH は正方形だから，HA∥IB

　　　　ゆえに，△BCI = △BAI　ゆえに，正方形 BAHI = 2△BCI …⑤

　　　　同様にして，長方形 □(7) = 2△□(6) …⑥

　　　　④，⑤，⑥から，正方形 BAHI = 長方形 □(7) …⑦

　　　　同様にして，正方形 □(8) = 長方形 □(9) …⑧

　　　　⑦と⑧から，正方形 □(8) + 正方形 BAHI

　　　　　　　　= 長方形 □(9) + 長方形 □(7)

　　　　　　　　= 正方形 □(10)

　　　　したがって，□(11) + AB^2 = □(12)

重要 165 **[直角三角形の 1 辺の長さを求める]**

次の図で，x，y の値を求めなさい。

(1) 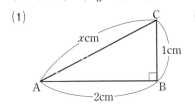　(2) 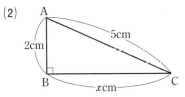　(3)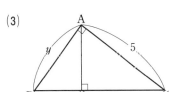

$\boxed{166}$ [鋭角三角形の3辺の関係]

3辺の長さが a, b, c である鋭角三角形 ABC の3辺の長さの間の関係は，次のように求めることができる。□に適当な式を入れなさい。

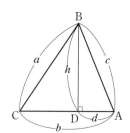

(解)　右の図のように点 B から辺 CA に垂線をひき，辺 CA との交点を D とし，BD $=h$，AD $=d$ とする。

直角三角形 BCD で

$h^2 = \boxed{(1)}^2 - (\boxed{(2)})^2 = \boxed{(3)}^2 - \boxed{(4)}^2 - d^2 + \boxed{(5)}$ …①

直角三角形 ABD で　$h^2 = \boxed{(6)}^2 - d^2$ …②

①，②から，$\boxed{(3)}^2 - \boxed{(4)}^2 - d^2 + \boxed{(5)} = \boxed{(6)}^2 - d^2$

ゆえに，$\boxed{(3)}^2 = \boxed{(4)}^2 + \boxed{(6)}^2 - \boxed{(5)}$

ところが　$\boxed{(5)} > 0$　だから　$\boxed{(7)}$　が求められた。

> **ガイド**　△ABC で ∠A，∠B，∠C の対辺の長さをそれぞれ a，b，c とすると，次のことがいえる。
>
> (i) ∠A $< 90° \Leftrightarrow a^2 < b^2 + c^2$　　(ii) ∠A $= 90° \Leftrightarrow a^2 = b^2 + c^2$　　(iii) ∠A $> 90° \Leftrightarrow a^2 > b^2 + c^2$

$\boxed{167}$ [三角定規の三角形の辺の長さの比]

右の図のように，O を中心，線分 AB を直径とする半円がある。この半円の弧の上に，∠COB $= 30°$ となる点 C，

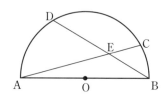

$\overset{\frown}{AD} : \overset{\frown}{CB} = 2 : 1$ となる点 D をとり，線分 AC と線分 BD の交点を E とする。

　AB $= 3$ であるとき，線分 CD，DE の長さを求めなさい。

> **ガイド**　3つの内角が $30°$，$60°$，$90°$ の直角三角形の辺の長さの比は，$1 : 2 : \sqrt{3}$
>
> 　3つの内角が $45°$，$45°$，$90°$ の直角三角形の辺の長さの比は，$1 : 1 : \sqrt{2}$
>
> 　これら2つは頻出であるので必ず覚えておく。

168 [辺の長さによる三角形の形状の見分け方]

次の三角形は，鋭角三角形，直角三角形，鈍角三角形のどれか答えなさい。

㋐ $BC = 5$，$CA = 5$，$AB = 7$ 　　　　㋑ $BC = 5$，$CA = 4$，$AB = 3$

㋒ $BC = 2\sqrt{2} + 1$，$CA = 3$，$AB = 2\sqrt{2} - 1$ 　　㋓ $BC = 3$，$CA = 3\sqrt{2}$，$AB = \sqrt{7}$

> **ガイド** 三平方の定理の逆
>
> 3辺の長さが a，b，c である三角形において，
>
> $$a^2 + b^2 = c^2$$
>
> が成り立つならば，その三角形は長さ c の辺を斜辺とする直角三角形である。
>
> また，最大辺を a とすると，
>
> ① $a^2 < b^2 + c^2 \Rightarrow$ 鋭角三角形 　　② $a^2 = b^2 + c^2 \Rightarrow$ 直角三角形 　　③ $a^2 > b^2 + c^2 \Rightarrow$ 鈍角三角形

重要 **169** [直角三角形になるための条件]

次の問いに答えなさい。

(1) 直角三角形の3辺の長さが $a+2$，$a+3$，$a-5$ であるとき，a の値を求めよ。

(2) 3辺の長さが 70 cm，50 cm，30 cm の三角形がある。すべての辺を x cm 長くすると直角三角形になった。x を求めよ。

> **ガイド** (1)斜辺の長さは，$a+3$
>
> (2)斜辺の長さは，$(70+x)$ cm

170 [三角形の面積と三平方の定理]

右の図のような三角錐で，$AB = 4cm$，$BC = 6cm$，

$\angle AOB = \angle BOC = \angle COA = 90°$

$\triangle OAC \equiv \triangle OBC$ とする。

このとき，次の問いに答えなさい。

(1) 線分 OA の長さを求めよ。

(2) $\triangle OAC$ の面積を求めよ。

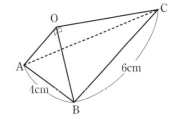

64

171 [円と三平方の定理]

次の□の値を求めなさい。

右の図のように，点Aを中心とする半径2の円と，点Bを中心として点Aを通る半径3の円がある。2つの円に共通に接する直線と円との接点をそれぞれP，Qとするとき，線分PQの長さは [(1)] である。また，点Pから線分AQに垂線PRをひいたとき，△PQRの面積は [(2)] である。

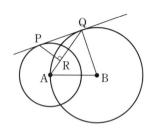

重要 172 [座標平面上での2点間の距離]

座標平面上で，次の2点間の距離ABを求めなさい。

(1)

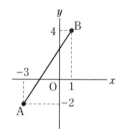

(2)

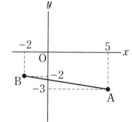

(3)

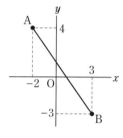

ガイド　2点A(x_1, y_1)，B(x_2, y_2)のとき，2点間の距離AB＝$\sqrt{(x_2-x_1)^2+(y_2-y_1)^2}$
これは，三平方の定理から導かれる公式である。

重要 173 [立方体の対角線の長さ]

右の図のような，1辺の長さが6cmの立方体がある。頂点Fから対角線AGにひいた垂線と対角線AGの交点をPとし，辺BCの中点をMとする。このとき，次の問いに答えなさい。

(1) 対角線AGの長さを求めよ。

(2) △AFPの面積を求めよ。

(3) 4点M，A，F，Pを結んでできる三角錐の体積を求めよ。

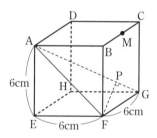

ガイド　(1)3辺の長さがa, b, cの直方体の対角線の長さdは，$d=\sqrt{a^2+b^2+c^2}$

◆重要◆ 174 〉[正四角錐の体積と表面積]

右の図のように，正四角錐 O‐ABCD において，線分 AC の中点
M と頂点 O を結ぶ線分をひく。

△OAC が 1 辺の 4 cm の正三角形であるとき，線分 OM の長さ
とこの正四角錐の表面積と体積を求めなさい。

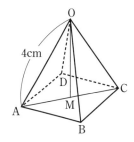

ガイド 1 辺の長さが a の正三角形の高さは $\dfrac{\sqrt{3}}{2}a$ である。

175 〉[正三角錐]

右の図のように，1 辺が 4 cm の正三角形 ABC を底面とし，
OA＝OB＝OC＝8 cm とする正三角錐 OABC がある。辺 OB 上に
点 P をとる。

このとき，次の問いに答えなさい。

(1) △OAC の面積を求めよ。

(2) AP＋PC の長さを最も短くしたとき，4 点 P，A，B，C を頂点とする
立体の体積を求めよ。

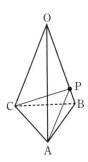

ガイド (2) AP と PC が通る面の展開図をかく。

最 高 水 準 問 題 ——————————————————— 解答 別冊 p.49

176 右の図は，線分 AB を直径とする半円で，点 O は AB の中点である。点 C は弧 $\overparen{AB}$ 上にあり，点 D は線分 OA 上にある。点 E は弧 $\overparen{BC}$ 上にあって，CE⊥CD である。また，点 F は線分 CD と線分 AE との交点である。

このとき，次の問いに答えなさい。

(熊本県)

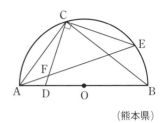

(1) △ADC∽△FDA であることを証明せよ。

難 (2) AB＝5 cm，AC＝3 cm，AD＝1 cm であるとき，線分 AF の長さを求めよ。

177 座標平面上に 3 点 A(0, 3)，B(2, 1)，C(k, k) があり，線分 AB と線分 OC が点 P で交わっている。△PAO と △PBC の面積が等しいとき，k の値を求めなさい。

(広島大附高)

178 右の図のように，AB＝3，BC＝8，∠ABC＝60° の △ABC がある。△ABC の外接円の中心を O とするとき，次の問いに答えなさい。

(東京・明治大付明治高)

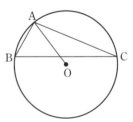

(1) AC の長さを求めよ。

(2) △ABC の外接円の半径を求めよ。

解答の方針

177 2直線の傾き m, n に対して，「$mn = -1$ ⇔ 2直線は直交する」が成り立つことを利用する。

179 右の図のように，△ABC の ∠B と ∠C の二等分線が 3 点 A，B，C を通る円とそれぞれ点 D，E で交わっている。また，BD と CE の交点を P，BC の延長と ED の延長の交点を Q とする。BC = 6，∠EPB = 60°，∠EQB = 20° のとき，次の問いに答えなさい。　　　　　（長崎・青雲高）

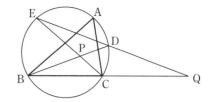

(1) △ABC の 3 つの内角 ∠A，∠B，∠C の大きさを求めよ。

(2) 3 点 A，B，C を通る円の半径を求めよ。

180 右の図のような AB = 5，BC = 4，CA = 3 の △ABC において，∠A の二等分線と辺 BC との交点を D，∠B の二等分線と AD との交点を E とする。　　　　　（北海道・函館ラ・サール高）

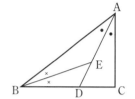

(1) CD の長さを求めよ。

(2) △ACD の面積を求めよ。

(3) △ABE の面積を求めよ。

181 右の図のように，1 辺 8 の正方形の紙から，その各辺を底辺とする 4 つの合同な二等辺三角形を切り取り，正四角錐をつくるとき，次の問いに答えなさい。

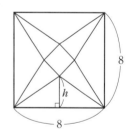

(1) 正四角錐の底面となる正方形の 1 辺の長さを $2\sqrt{2}$ とする。このとき，切り取られた二等辺三角形の底辺の長さ 8 に対する高さ h を求めよ。

(2) 正四角錐の底面となる正方形の 1 辺の長さを x とする。このとき，切り取られた二等辺三角形の底辺の長さ 8 に対する高さ h を x の式で表せ。

(3) (2)のとき，正四角錐の側面積 S を x を用いて表しなさい。また正四角錐の底面積の 5 倍が S に等しいとき，x の値を求めよ。　　　　　（茨城・江戸川学園取手高）

解答の方針

179 (2)補助線を考える。

難 182 正方形 ABCD において，辺 BC を 3 等分する点を右の図のように E，F とし，A から DE に下した垂線を AH とする。AB = $3a$ とするとき，次の問いに答えなさい。　　　　（兵庫・関西学院高等部）

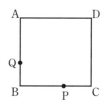

(1)　DE の長さを a で表せ。

(2)　AH の長さを a で表せ。

(3)　四角形 ABEH の面積を a で表せ。

183 四角形 ABCD は長方形で，AB = 12，AD = 13 である。点 P，Q はそれぞれ辺 BC，AB 上にあり，PD = 13，∠QPD = 90° のとき，次の問いに答えなさい。　　　　（東京・慶應女子高）

(1)　PQ の長さ x を求めよ。

(2)　点 A から PD に垂線をひき，その交点を H とする。AH の長さ h を求めよ。

難 (3)　長方形 ABCD をふくむ平面上で，点 A を中心に線分 PD を 1 回転させたときにできる図形の面積 S を求めよ。

184 同じ点を中心とする右の図のような 2 つの円がある。AB は外側の円の弦で，内側の円に接している。AB = 10 のとき，右の図のかげの部分の面積を求めなさい。　　　　（神奈川・慶應高）

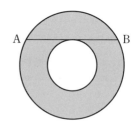

解答の方針

183 (3) 点 A から線分 PD までの距離を考える。

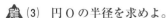 右の図のように，AB＝BC＝3 cm，AC＝5 cm の △ABC と，辺 AB，AC の延長線および辺 BC に点 P，Q，R で接している円 O がある。次の問いに答えなさい。 （埼玉・立教新座高）

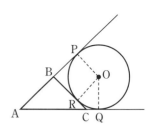

(1) △ABC の面積を求めよ。

(2) 線分 AP の長さを求めよ。

難(3) 円 O の半径を求めよ。

186 右の図のように，半径 1 の半円の直径 AB の延長上に AB＝BC となる点 C をとり，点 C から半円にひいた接線の接点を D とする。このとき，次の問いに答えなさい。 （東京・巣鴨高）

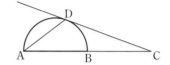

(1) 線分 CD の長さを求めよ。

(2) 線分 AD の長さを求めよ。

(3) △ACD を接線 CD を軸として 1 回転してできる立体の体積を求めよ。

187 1 辺の長さが 12 である正四面体の各面の重心を結んで得られる立体 *T* について，次の問いに答えなさい。ただし，三角形の重心とは，頂点とそれに向かい合う辺の中点を結んだ線分を 2 : 1 に分ける点である。 （東京・開成高）

(1) 立体 *T* の体積 *V* を求めよ。

(2) 立体 *T* の各面に接する球の半径 *r* を求めよ。

難(3) 立体 *T* の各辺に接する球の半径 *ℓ* を求めよ。

188 右の図のような1辺の長さが6cmである正八面体 ABCDEF

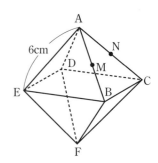

（各面が正三角形）がある。AB，AC の中点をそれぞれ M，N とするとき，次の問いに答えなさい。　　　　　　　　　（東京・日本大二高）

(1) 正八面体 ABCDEF の表面積を求めよ。

(2) 正八面体 ABCDEF の体積を求めよ。

(3) 点 M を通って，面 ADE に平行な平面で正八面体を切ったとき，切断面の面積を求めよ。

(4) 3点 E，M，N を通る平面で正八面体 ABCDEF を切断したとき，大きい方の立体の体積を求めよ。

189 右の図のように，2点 A(1, 1)，B(4, 0) があり，2直線 $y=2$，

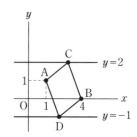

$y=-1$ 上をそれぞれ動く2点 C，D がある。このとき，四角形 ADBC について，次の問いに答えなさい。　　　　　　（東京・明治大付明治高）

(1) 2つの対角線の長さの和 AB＋CD が最小となるとき，四角形 ADBC の面積を求めよ。

(2) 四角形 ADBC の周の長さの最小値を求めよ。

解答の方針

188 (3) 切断面は，正六角形になる。

(4) 小さい方の体積を求めることを考える。

189 (2) 点 A の $y=2$ に関して対称な点と，点 B の $y=-1$ に関して対称な点を考える。

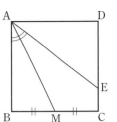

難 **190** 右の図のように正方形 ABCD の辺 BC の中点を M とし，

∠BAM＝∠MAE となるように点 E を CD 上にとる。このとき，次の比を

最も簡単な整数の比で答えなさい。　　　　　　　　　　（神奈川・桐蔭学園高）

(1) AB：AE

(2) DE：EC

(3) △ABM，四角形 AMCE，△AED の面積をそれぞれ S_1，S_2，S_3 とする

　　とき，$S_1：S_2：S_3$

191 右の図のように，2 点 A $(-a,\ 0)$，B $(b,\ 0)$ $(a>0,\ b>0)$

を直径の両端とする半円がある。円外の 1 点 C から半円に接線を

ひいたところ，接点が B と y 軸上の点 D となった。このとき，次

の問いに答えなさい。　　　　　　　　　　　　　　　　（東京・海城高）

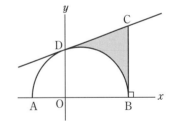

(1) 点 D の y 座標を a と b を用いて表せ。

(2) $a=1$，$b=3$ のとき，直線 CD の方程式を求めよ。

(3) $a=1$，$b=3$ のとき，かげの部分の図形の面積を求めよ。

解答の方針

190 線分 CD と AM を延長し，その交点を F とおいて考える。

191 (1)円の中心を P としたとき，△OPD において，三平方の定理を用いる。

192 右の図のような直方体 ABCD – EFGH において，∠AFE＝45°，
∠CFG＝60°，FG＝1cm である。次の問いに答えなさい。

（神奈川・慶應高）

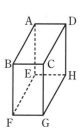

(1) △ACF の面積を求めよ。

(2) △AEG を直線 AG のまわりに1回転させてできる立体の体積を求めよ。

193 a，b を正の定数とし，右の図のように放物線 $y＝ax^2$ と直線
$y＝x＋b$ の2つの交点を A，B とする。ただし，A，B の x の座標はそれ
ぞれ −4，6である。また，y 軸上の2点 P，Q は ∠APB＝∠AQB＝90°
をみたしているとする。このとき，次の問いに答えなさい。

（神奈川・桐蔭学園高）

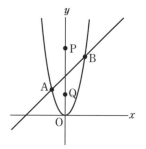

(1) a，b の値を求めよ。

(2) 2点 P，Q の座標を求めよ。

(3) 四角形 APBQ の外接円の半径を求めよ。

解答の方針

192 (2) △AEG の面積を2通りの方法で表すことを考える。

193 (3) 円周角の定理の逆を用いる。

194 右の図のような AB＝BC＝3 cm，AE＝6 cm の直方体がある。辺 DH の中点を M とし，線分 ME，EG の中点をそれぞれ I，J とする。点 P は GI と MJ の交点である。このとき，次の問いに答えなさい。

(東京・明治大付中野高)

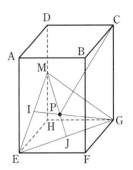

(1) △MEG の面積を求めよ。

難 (2) 線分 CP の長さを求めよ。

195 1 辺の長さが 2 である正四面体 ABCD の 4 つの頂点が球 O の表面上にあるとき，次の問いに答えなさい。
(神奈川・法政大二高)

(1) 正四面体 ABCD の高さを求めよ。

(2) 球 O の半径を求めよ。

難 (3) 4 つの面すべてが球 O に接するような正四面体の 1 辺の長さを求めよ。

難 **196** 右の図で，AD⊥BC，BD＝1，CD＝4，∠B＝2∠C である。このとき，AC の長さを求めなさい。
(兵庫・灘高)

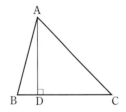

解答の方針

195 (3) 正四面体 ABCD を点 O を相似の中心として拡大する。

196 ∠B の二等分線と線分 AD の交点を E として考える。

8 標本調査

標 準 問 題 ──────────────────────────── 解答 別冊 p.57

重要 197 〉[全数調査と標本調査の必要性と意味]

次の調査は，全数調査と標本調査のどちらが適当であるか答えなさい。また，標本調査の場合，それはなぜか。そのわけをいいなさい。

(1) 電球の良品検査

(2) タオル工場で，製品に針が混入していないかの検査

(3) 選挙結果を予測するための出口調査

(4) ある中学校で行われる健康診断

(5) ある河川の水質調査

(6) テレビ番組の視聴率調査

> **ガイド** 対象とする集団にふくまれるすべてのものについて行う調査を全数調査という。それに対して，対象とする集団の一部を調べ，その結果から，集団全体の状況を推定する調査を標本調査という。

198 〉[無作為の抽出]

母集団から標本を決めるのに，次のようにした。これでよいか。いけなければ，そのいけないわけをいいなさい。

(1) ある市で，市営のプールを作る必要があるかどうかを決めるために，市民にアンケートを求めることになったので，市営の体育館の前で，体育館に来た人に調査用紙を渡して意見を書いてもらった。

(2) ある市で，市電の廃止の是非を調査するため，ある日の午前10時から11時までの間に，市電に乗るとき調査用紙を渡し，降車のときその調査用紙を回収して調査をすることになった。

> **ガイド** たとえば，20歳の男子の身長を知りたいとき，この20歳の男子全部の人の身長の集まりを母集団といい，この母集団から実際に取り出して調べたひとりひとりの人の身長を標本という。
> 標本から母集団を正しく推定するには，標本を取り出すとき，まったく無作為に取り出さなければならない。無作為というのは，取り出す人の意志が少しもはたらかないで，まったく偶然に取り出すということである。標本が無作為に取り出されているときには，標本の数をある程度増やせば，標本の平均から，母集団の平均を推測することが可能である。無作為に取り出すために，母集団のひとつひとつに番号を打って，その中から特定の番号を乱数表，乱数さいなどを使って取り出す方法がある。抽せんなどもよく使われる方法の1つである。

最 高 水 準 問 題 ──────────────────── 解答 別冊 p.57

199 ある養殖池にいるアユの数を推定するために，その養殖池で 47 匹のアユを捕獲し，その全部に目印をつけて戻した。数日後に同じ養殖池で 27 匹のアユを捕獲したところ，目印のついたアユが 3 匹いた。この養殖池にいるアユの数を推定し，十の位までの概数で求めなさい。 (岐阜県)

200 袋の中に，大きさが等しい赤玉と白玉が合わせて 500 個入っている。これをよくかき混ぜて 40 個の玉を取り出したところ，赤玉が 26 個，白玉が 14 個であった。このとき，袋の中にある赤玉の個数を推定しなさい。

201 ある工場でつくられた製品 2000 個の品質検査をするのに，60 個を取り出して調べたところ，2 個の不良品があった。この工場でつくられた 2000 個の製品の中に不良品はおよそ何個入っているか推定しなさい。

202 ある工場で作った製品が 9000 個ある。この 9000 個の製品を母集団とする標本調査を行って，不良品の個数を推測する。9000 個の製品の中から 300 個の製品を無作為に抽出して調べたとき，2 個が不良品だった。この標本調査の結果から，母集団の傾向として，9000 個の製品の中には何個の不良品がふくまれていると推測されるか求めなさい。 (北海道)

解答の方針

200 取り出した 40 個のうちの赤玉の割合を求める。

201 取り出した 60 個のうちの不良品の割合を求める。

---

1 次の問いに答えなさい。 (各4点, 計12点)

(1) $x^2(a-b) + y^2(b-a)$ を因数分解せよ。 (東京・中央大附高)

(2) $a^2b - ab^2 + abc - a + b - c$ を因数分解せよ。 (東京・巣鴨高)

(3) $\dfrac{\sqrt{3}+\sqrt{2}}{\sqrt{2}} - \dfrac{\sqrt{3}+3\sqrt{2}}{2\sqrt{3}}$ の計算せよ。 (東京工業大附科学技術高)

(1)		(2)		(3)	

---

2 $a>0$, $b<0$ とする。2つの放物線 $y=ax^2$ ……①, $y=bx^2$ ……②と直線 $y=x$ ……③がある。放物線①と直線③は原点 O と点 A で交わり，放物線②と直線③は原点 O と点 C で交わる。また，点 A と y 座標が等しい放物線①上の点を B，点 C と y 座標が等しい放物線②上の点を D とする。AO：OC＝3：5 である。このとき，次の問いに答えなさい。 (東京・お茶の水女子大附高) (各6点, 計24点)

(1) 点 A，点 C の座標をそれぞれ a を用いて表せ。

(2) 四角形 ABCD の面積が 16 であるとき，

　① a の値を求めよ。

　② 四角形 ABCD を直線 AC を軸として回転してできる立体の体積を求めよ。

(1)		A(　　　,　　　)		C(　　　,　　　)	
(2)	①	$a=$	②		

---

3 右の図において，OA：AB＝7：3，PA：PC＝1：3 のとき，OC：CD を求めなさい。また，四角形 ABDC の面積は三角形 OAC の面積の何倍であるか答えなさい。

(奈良・西大和学園高) (6点)

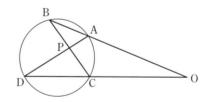

	：　　　，	

4 2 円 C_1, C_2 が点 A において外接している。2 点 B, C は円 C_1 の周上にあり, 3 点 D, E, F は円 C_2 の周上にある。3 点 B, A, E と 3 点 C, A, F と 3 点 C, D, E はそれぞれ一直線上に並んでいる。また, 直線 FD と直線 BE, BC の交点をそれぞれ G, H とする。△ABC は鋭角三角形とし, BC = 4, EF = 3, CH = 5 である。このとき, 次の問いに答えなさい。　　（神奈川・慶應高）(各 6 点, 計 12 点)

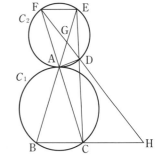

(1) EG : GA : AB を最も簡単な整数の比で表せ。

(2) △GAD : △DCH を最も簡単な整数の比で表せ。

(1)	：	：	(2)	：

5 図のように, 直方体 ABCD – EFGH があり, AC = 6, AF = 5, CF = 5 である。このとき, 次の問いに答えなさい。

（京都・洛南高）(各 6 点, 計 24 点)

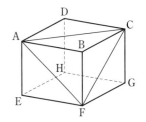

(1) この直方体の体積を求めよ。

(2) 点 B から △AFC にひいた垂線を BP とする。BP の長さを求めよ。

(3) BH と △AFC の交点を Q とする。BQ の長さを求めよ。

(4) PQ の長さを求めよ。

(1)		(2)	
(3)		(4)	

6 池に住む魚の総数を推測するために, 次のような調査計画を考えた。

> 池から魚を無作為に 20 匹捕獲し, そのすべてに印をつけて池に戻す。
> 数日後, 同じ池から魚を無作為に 20 匹捕獲し, その中に印のついた魚が何匹いるのかを調べる。

このとき, 次の ⬚ のア〜エにあてはまる数, 式, 文章等を求めなさい。

（東京・筑波大附高）((1)ア, (2)ウ各 4 点, (1)イ, (2)エ各 7 点, 計 22 点)

(1) 池 P にて上記の調査計画を実施したところ, 印のついた魚は 8 匹捕獲された。この調査結果から推測される魚の総数は ア 匹である。どのように推測したのかを イ に書け。

(2) 池 Q にて上記の調査計画を実施したところ, 印のついた魚は 1 匹も捕獲されなかった。この調査結果から推測される魚の総数は ウ 匹である。どのように推測したのかを エ に書け。

　　もし, 推測しにくい場合は, ウ に×を記入し, どのような調査計画であれば推測しやすくなるか, 新たな調査計画を エ に書け。

(1)	ア		イ	
(2)	ウ		エ	

1 次の問いに答えなさい。　　　　　　　　　　　　　　　　　　　　**(各5点, 計20点)**

(1) $a^2 - b^2 - c^2 - 2bc$ を因数分解せよ。　　　　　　　　　　　（東京・城北高）

(2) $(2x+1)^2 - y^2 + 8x + 8$ を因数分解せよ。　　　　　　　　（鹿児島・ラ・サール高）

(3) $(3\sqrt{2} - 2\sqrt{3})^2 - (3\sqrt{2} + 2\sqrt{3})^2 + \dfrac{6(\sqrt{2} - \sqrt{3})}{\sqrt{3}} + 6$ を計算せよ。　　（東京学芸大附高）

(4) $a = \dfrac{3+\sqrt{3}}{\sqrt{2}}$, $b = \dfrac{2-\sqrt{2}}{\sqrt{3}}$, $c = 2\sqrt{2}$ のとき, $a^2 + b^2 - c^2$ の値を求めよ。　　（東京・巣鴨高）

(1)		(2)	
(3)		(4)	

2 OA = OB = 1 の直角二等辺三角形 OAB を底辺 AB と平行な線分 PQ で折り曲げて重なった部分の面積を S とする。このとき, 次の問いに答えなさい。　（神奈川・慶應高）**(各5点, 計30点)**

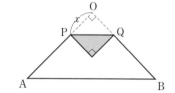

(1) OP = x として, 次の空欄の(ア)〜(オ)を埋めよ。

$0 < x <$ ⬚(ア) のとき, $S =$ ⬚(イ)

⬚(ウ) $\leqq x <$ ⬚(エ) のとき, $S =$ ⬚(オ)

(2) $S = \dfrac{1}{6}$ のとき, x の値を求めよ。

(1)	(ア)	(イ)	(ウ)	(エ)	(オ)	(2)	$x =$

3 右の図は，点 O は原点，曲線 f は関数 $y = ax^2$ $(a > 0)$ のグラフである。点 P は x 軸上にあり，x 座標は p である。ただし，$p > 0$ とする。点 P を中心とする円が，原点 O を通っている。曲線 f と円との2つの交点のうち，原点 O と異なる点を Q とする。また，点 Q の x 座標が点 P の x 座標より小さいとき，2 点 P，Q を通る直線を ℓ，直線 ℓ と y 軸との交点を R，直線 ℓ と円との交点のうち，点 Q と異なる点を S として，原点 O と点 Q，原点 O と点 S をそれぞれ結んだ場合を表している。$p = 13$ で，$\triangle$OQS と $\triangle$OQR の面積比が 5：4 であるとき，a の値を求めなさい。

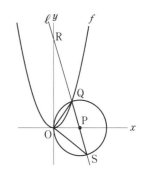

(東京・西高)(8 点)

$a =$

4 右の図のように，$\triangle$ABC の頂点 A から辺 BC に引いた垂線を AD とする。また，AD を直径とする円と辺 AB，AC との交点をそれぞれ E，F とする。また，AD = 4，BD = 3，DC = 2 である。このとき，次の問いに答えなさい。

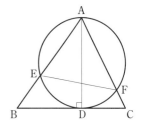

(東京・日本大二高)(各 8 点，計 24 点)

(1)　線分 AE の長さを求めよ。

(2)　線分 EF は線分 BC の何倍になるか求めよ。

(3)　$\triangle$AEF の面積を求めよ。

(1)		(2)		(3)	

5 右図の四角形 ABCD は，AD∥BC，∠ABC = 60°，∠BCD = 30°，AB = 6，BC = 18 を満たしているとする。辺 AB 上に点 E を，辺 CD 上に点 F を，AE：EB = DF：FC = 1：2 となるようにとる。$0 < x < 10$ を満たす x に対して，線分 EF 上に，EP = x を満たす点 P をとる。

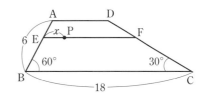

　四角形 ABCD を，点 P を中心として 180° だけ回転移動 (点対称移動) させた図形を，四角形 A'B'C'D' とする。四角形 ABCD と四角形 A'B'C'D' の重なる部分からなる図形を Z とし，図形 Z の面積を S とする。このとき，次の問いに答えなさい。

(東京・開成高)((1)10 点，(2)8 点，計 18 点)

(1)　図形 Z が四角形となるような x の値の範囲と，そのときの S を x の式で表せ。

(2)　$S - 14\sqrt{3}$ となる x の値を求めよ。

(1)	範囲：	(2)	$x =$

□ 編集協力　エデュ・プラニング合同会社　河本真一　踊堂憲道

□ 本文デザイン　CONNECT

シグマベスト
最高水準問題集
中3数学

編　者　文英堂編集部
発行者　益井英郎
印刷所　中村印刷株式会社
発行所　株式会社文英堂

〒601-8121　京都市南区上鳥羽大物町28
〒162-0832　東京都新宿区岩戸町17
（代表）03-3269-4231

●落丁・乱丁はおとりかえします。

Σ BEST
シグマベスト

最高水準
問題集

中3数学

解答と解説

文英堂

1 式の展開と因数分解

001 (1) $15x^2-3x$ (2) $3x^2-2xy$

(3) $4y-1$

(4) $\dfrac{1}{2}a^2bc-\dfrac{1}{4}ab^2c+\dfrac{3}{4}abc^2$

解説 (4) $(-6a+3b-9c)\times\left(-\dfrac{1}{12}abc\right)$

$$=-6a\times\left(-\dfrac{1}{12}abc\right)+3b\times\left(-\dfrac{1}{12}abc\right)$$

$$-9c\times\left(-\dfrac{1}{12}abc\right)$$

$$=\dfrac{1}{2}a^2bc-\dfrac{1}{4}ab^2c+\dfrac{3}{4}abc^2$$

002 (1) $5x^2+4xy-y^2$

(2) $2a^2+ab-3b^2$

(3) $xy-x+y-1$

(4) $10m^2-11mn-6n^2$

解説 (1) $(x+y)(5x-y)$

$$=x\times 5x+x\times(-y)+y\times 5x+y\times(-y)$$

$$=5x^2+4xy-y^2$$

(2) $(2a+3b)(a-b)$

$$=2a\times a+2a\times(-b)+3b\times a+3b\times(-b)$$

$$=2a^2+ab-3b^2$$

(3) $(x+1)(y-1)$

$$=x\times y+x\times(-1)+1\times y+1\times(-1)$$

$$=xy-x+y-1$$

(4) $(2m-3n)(5m+2n)$

$$=2m\times 5m+2m\times 2n+(-3n)\times 5m+(-3n)\times 2n$$

$$=10m^2-11mn-6n^2$$

003 (1) $-3x^2+9x-4$

(2) $-23x^2-13x+3$

解説 (1) $(3x-1)(x+4)-2x(3x+1)$

$$=3x^2+12x-x-4-6x^2-2x$$

$$=-3x^2+9x-4$$

(2) $(3x-2)(-5x)-(x+3)(8x-1)$

$$=-15x^2+10x-(8x^2-x+24x-3)$$

$$=-15x^2+10x-8x^2+x-24x+3$$

$$=-23x^2-13x+3$$

004 (1) $x^2+8x+15$ (2) x^2-x-56

(3) x^2-6x+8 (4) $a^2-3ab-10b^2$

解説 (4) $(a+2b)(a-5b)$

$$=a^2+(2b-5b)a+2b\times(-5b)=a^2-3ab-10b^2$$

005 (1) $x^2-8x+16$ (2) $4x^2+4x+1$

(3) $a^2-6ab+9b^2$ (4) $16x^2-4x+\dfrac{1}{4}$

解説 (2) $(2x+1)^2=(2x)^2+2\times 2x\times 1+1^2$

$$=4x^2+4x+1$$

(4) $\left(4x-\dfrac{1}{2}\right)^2=(4x)^2-2\times 4x\times\dfrac{1}{2}+\left(\dfrac{1}{2}\right)^2$

$$=16x^2-4x+\dfrac{1}{4}$$

006 (1) $9x^2-25y^2$ (2) $\dfrac{25}{4}a^2-\dfrac{1}{9}b^2$

解説 (1) $(3x+5y)(3x-5y)$

$$=(3x)^2-(5y)^2=9x^2-25y^2$$

(2) $\left(\dfrac{5}{2}a-\dfrac{1}{3}b\right)\left(\dfrac{5}{2}a+\dfrac{1}{3}b\right)=\left(\dfrac{5}{2}a\right)^2-\left(\dfrac{1}{3}b\right)^2$

$$=\dfrac{25}{4}a^2-\dfrac{1}{9}b^2$$

007 (1) x^3-x^2-5x+6

(2) $a^3+2a^2b-ab^2+6b^3$

解説 (1) $(x-2)(x^2+x-3)$

$$=x(x^2+x-3)-2(x^2+x-3)$$

$$=x^3+x^2-3x-2x^2-2x+6=x^3-x^2-5x+6$$

(2) $(a+3b)(a^2-ab+2b^2)$

$$=a(a^2-ab+2b^2)+3b(a^2-ab+2b^2)$$

$$=a^3-a^2b+2ab^2+3a^2b-3ab^2+6b^3$$

$$=a^3+2a^2b-ab^2+6b^3$$

008 (1) $10a^2-16ab-17b^2$

(2) x^4-7x^2+1

解説 (1) $(3a-2b)^2+(a+3b)(a-7b)$

$$=9a^2-12ab+4b^2+a^2-4ab-21b^2$$

$$=10a^2-16ab-17b^2$$

(2) $(x^2+3x+1)(x^2-3x+1)$

$$=\{(x^2+1)+3x\}\{(x^2+1)-3x\}$$

$$=(x^2+1)^2-9x^2=(x^4+2x^2+1)-9x^2$$

$=x^4-7x^2+1$

$\boxed{009}$〉(1) $x^2-4xy+4y^2+2x-4y+1$

(2) $x^2+2xy+y^2-9$

(3) $x^4-10x^3+35x^2-50x+24$

解説 (1) $(x-2y+1)^2=\{(x-2y)+1\}^2$
$\qquad\qquad\qquad\quad=(x-2y)^2+2(x-2y)+1$
$\qquad\qquad\qquad\quad=x^2-4xy+4y^2+2x-4y+1$

(2) $(x+y-3)(x+y+3)$
$=\{(x+y)-3\}\{(x+y)+3\}=(x+y)^2-9$
$=x^2+2xy+y^2-9$

(3) $(x-1)(x-2)(x-3)(x-4)$
$=\{(x-1)(x-4)\}\{(x-2)(x-3)\}$
$=(x^2-5x+4)(x^2-5x+6)$
$=\{(x^2-5x)+4\}\{(x^2-5x)+6\}$
$=(x^2-5x)^2+10(x^2-5x)+24$
$=x^4-10x^3+25x^2+10x^2-50x+24$
$=x^4-10x^3+35x^2-50x+24$

$\boxed{010}$〉**2**

解説 $(x+6)(x-4)+(5-x)(5+x)$
$=(x^2+2x-24)+(25-x^2)=2x+1=2\times\dfrac{1}{2}+1$
$=2$

$\boxed{011}$〉$ab=21$

解説 $(a+b)^2=a^2+2ab+b^2$ より,
$\qquad\quad 10^2=58+2ab$
$\qquad\quad 2ab=42$
$\qquad\quad\ ab=21$

$\boxed{012}$〉$(3,\ 37),\ (11,\ 29),\ (17,\ 23)$

解説 $p<q,\ p+q=40$ であるから,
$p<20$ である。20 以下の素数は,
$\ 2,\ 3,\ 5,\ 7,\ 11,\ 13,\ 17,\ 19$
であるから, p がこれらのとき, q も素数であるの
は, $(p,\ q)=(3,\ 37),\ (11,\ 29),\ (17,\ 23)$

$\boxed{013}$〉(1) $3xy(x-2y)$　　(2) $(a-1)(b-c)$

(3) $(a+b)(3a-2b)$

解説 (2) $a(b-c)+c-b=a(b-c)-(b-c)$

$\qquad\qquad\qquad\quad=(a-1)(b-c)$

(3) $2(a+b)(a-b)+a(a+b)$
$=(a+b)\{2(a-b)+a\}=(a+b)(3a-2b)$

$\boxed{014}$〉(1) $(3x+7y)(3x-7y)$

(2) $(3+x)(3-x)$

(3) $(a-b)(a+b-2c)$

解説 (1) $9x^2-49y^2=(3x)^2-(7y)^2$
$\qquad\qquad\qquad=(3x+7y)(3x-7y)$

(2) $9-x^2=3^2-x^2=(3+x)(3-x)$

(3) $(a-c)^2-(b-c)^2$
$=\{(a-c)+(b-c)\}\{(a-c)-(b-c)\}$
$=(a+b-2c)(a-b)=(a-b)(a+b-2c)$

$\boxed{015}$〉(1) $(x-6)^2$　　(2) $(2x-5)^2$

(3) $(3a-7b)^2$

解説 (2) $4x^2-20x+25$
$=(2x)^2-2\times(2x)\times5+5^2=(2x-5)^2$

(3) $9a^2-42ab+49b^2$
$=(3a)^2-2\times(3a)\times(7b)+(7b)^2=(3a-7b)^2$

$\boxed{016}$〉(1) $(x-4)(x+7)$　　(2) $(x-2)(x-6)$

(3) $(a+3b)(a-4b)$

(4) $(x+4y)(x-6y)$

解説 (3) $a^2-ab-12b^2$
$=a^2-ba+(3b)\times(-4b)=(a+3b)(a-4b)$
　a の 2 次式とみる。かけて $-12b^2$,
　たして $-b$ となる 2 数は $3b$ と $-4b$

(4) $x^2-2xy-24y^2=x^2-2yx+4y\times(-6y)$
$\qquad\qquad\qquad\qquad=(x+4y)(x-6y)$

$\boxed{017}$〉(1) $(x-3y+1)(x+2y+1)$

(2) $(x+y-2)(x+y+1)$

解説 (1) $(x+1)^2-(x+1)y-6y^2$
$=\{(x+1)-3y\}\{(x+1)+2y\}$
$=(x-3y+1)(x+2y+1)$

(2) $(x+y)^2-x-y-2$
$=(x+y)^2-(x+y)-2$
$=\{(x+y)-2\}\{(x+y)+1\}$
$=(x+y-2)(x+y+1)$

018 (1) $m(x-4)(x-5)$　　(2) $(x+1)(y+1)$

(3) $(a+b)(a-b)(a-c)$

(4) $(x+y+1)(x+y-1)$

解説 (1) $mx^2-9mx+20m=m(x^2-9x+20)$
$=m(x-4)(x-5)$

(2) $x+y+xy+1=x(y+1)+(y+1)$
$=(x+1)(y+1)$

(3) $a^3+b^2c-a^2c-ab^2=a^2(a-c)-b^2(a-c)$
$=(a^2-b^2)(a-c)$
$=(a+b)(a-b)(a-c)$

(4) $x^2+2xy+y^2-1=(x^2+2xy+y^2)-1$
$=(x+y)^2-1$
$=\{(x+y)+1\}\{(x+y)-1\}$
$=(x+y+1)(x+y-1)$

得点アップ

展開・因数分解問題は確実に得点したい。公式を用いればすぐに展開・因数分解できる問題ではないものは色々な問題をこなす必要があるので、 009 , 017 , 018 などを通して、力をつけていこう。

019 (1) $-\dfrac{9}{4}$　　(2) $2x^2+4x-23$

(3) c^2

解説 (1) $(a+1)(a-2)-\dfrac{(2a-1)^2}{4}$

$=a^2-a-2-\dfrac{1}{4}(4a^2-4a+1)$

$=a^2-a-2-a^2+a-\dfrac{1}{4}=-\dfrac{9}{4}$

(2) $(x-3)(x-2)-(x-3)^2+(2x-5)(x+4)$
$=x^2-5x+6-(x^2-6x+9)+(2x^2+8x-5x-20)$
$=x^2-5x+6-x^2+6x-9+2x^2+3x-20$
$=2x^2+4x-23$

(3) $(-3a-b+c)^2-(3a+b)(3a+b-2c)$
$=\{-(3a+b)+c\}^2-(3a+b)\{(3a+b)-2c\}$
$=(3a+b)^2-2c(3a+b)+c^2-(3a+b)^2+2c(3a+b)$
$=c^2$

020 -4

解説 展開したときに x^3 の項が出てくるのは、

$(3x^2+2x+1)(x^2-2x-3)$
　　① ②

①のとき、$-6x^3$　　②のとき、$2x^3$

よって、$-6x^3+2x^3=-4x^3$ であるので、求める係数は、-4

021 (1) -2　　(2) $\dfrac{145}{6}$

解説 (1) $9x^2+3y-(3x+1)^2+1$
$=9x^2+3y-(9x^2+6x+1)+1=-6x+3y$
$=-6\times\dfrac{1}{2}+3\times\dfrac{1}{3}=-3+1=-2$

(2) $(4x-3y)^2+(3x+4y)^2-19(x^2+y^2)$
$=(16x^2-24xy+9y^2)+(9x^2+24xy+16y^2)$
　　$-19x^2-19y^2$
$=6x^2+6y^2=6\times\left(\dfrac{1}{6}\right)^2+6\times(-2)^2=\dfrac{1}{6}+24$
$=\dfrac{145}{6}$

022 325

解説 $25^2-24^2+23^2-22^2+\cdots\cdots+3^2-2^2+1^2-0^2$
$=(25^2-24^2)+(23^2-22^2)+\cdots\cdots$
　　$+(3^2-2^2)+(1^2-0^2)$
$=(25+24)(25-24)$
　　$+(23+22)(23-22)+\cdots\cdots$
　　$+(3+2)(3-2)+(1+0)(1-0)$
$=49\times1+45\times1+\cdots\cdots+5\times1+1\times1$
$=49+45+\cdots\cdots+5+1=S$ とおく。

また、これらの項の個数は、$\dfrac{49-1}{4}+1=13$（個）なので、

$S=49+45+\cdots\cdots+\ 5+\ 1$
$+)\ S=\ \ 1+\ 5+\cdots\cdots+45+49$　←逆から加える
$2S=50\times13$
　　↑—50 が 13 個

よって、
$S=\dfrac{50\times13}{2}=325$

得点アップ

$a^2-b^2=(a+b)(a-b)$ を利用する。

023 [証明]　大きい方の奇数は $2n+1$ と表せる。2つの奇数の積から小さい方の奇数の2倍をひいた数は，

$$(2n-1)(2n+1)-2(2n-1)$$
$$=4n^2-1-(4n-2)$$
$$=4n^2-4n+1$$

小さい方の奇数の2乗は，

$$(2n-1)^2=4n^2-4n+1$$

よって，連続する2つの奇数において，2つの奇数の積から小さい方の奇数の2倍をひいた数は，小さい方の奇数の2乗に等しい。

024 -16

解説　$\dfrac{1}{a}+\dfrac{1}{b}+\dfrac{1}{c}=\dfrac{1}{2}$ …①

①×$2abc$　　$2bc+2ac+2ab=abc$
$$2(ab+bc+ca)=abc \quad \cdots②$$

$$(a-2)(b-2)(c-2)$$
$$=(ab-2a-2b+4)(c-2)$$
$$=abc-2ab-2ac+4a-2bc+4b+4c-8$$
$$=abc-2(ab+bc+ca)+4(a+b+c)-8 \quad \cdots③$$

②，③より

$$(a-2)(b-2)(c-2)$$
$$=abc-abc+4(a+b+c)-8$$
$$=4(a+b+c)-8$$

$a+b+c=-2$ より，

$$(a-2)(b-2)(c-2)=4\times(-2)-8=-16$$

025 (1) $3y(4x+3z)(4x-3z)$

(2) $x(x-1)(y-1)$

(3) $(x-6)(x+2y)$

(4) $(x-2y-1)(x-2y+4)$

(5) $(x+y-z+2)(x-y-z-2)$

解説　(1)　$48x^2y-27yz^2$
$$=3y(16x^2-9z^2)=3y(4x+3z)(4x-3z)$$

(2)　x^2y-x^2-xy+x
$$=\underline{(x^2-x)}y-\underline{(x^2-x)}$$
└─ 次数の低い文字について整理

$$=(x^2-x)(y-1)=x(x-1)(y-1)$$

(3)　$(x+2y-6)x-12y$

$$=x^2+2xy-6x-12y=(2x-12)y+(x^2-6x)$$
└─ 次数の低い文字について整理

$$=2(x-6)y+x(x-6)=(x-6)(2y+x)$$
└─ 共通因数 $(x-6)$ でくくる

$$=(x-6)(x+2y)$$

(4)　$x^2-4xy+4y^2+3x-6y-4$

$$=(x-2y)^2+3(x-2y)-4$$　$(x-2y)$をひとまとまりにして考える

$$=\{(x-2y)-1\}\{(x-2y)+4\}$$

$$=(x-2y-1)(x-2y+4)$$

(5)　$x^2-y^2+z^2-2xz-4y-4$

$$=(x^2-2xz+z^2)-(y^2+4y+4)$$
たし算の順序を変えて考える

$$=(x-z)^2-(y+2)^2$$　○²−△²の形

$$=\{(x-z)+(y+2)\}\{(x-z)-(y+2)\}$$

$$=(x+y-z+2)(x-y-z-2)$$

026 (1) $(x+2)(x-2)(x+4)(x-4)$

(2) $(x+2y+1)(x-2y-1)$

(3) $(x-3)(x+y-2)$

(4) $(2x-3)(2x-2y+3)$

(5) $(x-y)(x-2y+z)$

解説　(1)　$(x^2-8)^2-4x^2$

$$=(x^2-8)^2-(2x)^2=\{(x^2-8)+2x\}\{(x^2-8)-2x\}$$

$$=(x^2+2x-8)(x^2-2x-8)$$
さらに因数分解できる

$$=(x+4)(x-2)(x-4)(x+2)$$

$$=(x+2)(x-2)(x+4)(x-4)$$

(2)　$(x+2y)(x-2y)-4y-1$

$$=x^2-4y^2-4y-1$$　展開する

$$=x^2-(4y^2+4y+1)$$

$$=x^2-(2y+1)^2$$　○²−△²の形をつくる

$$=\{x+(2y+1)\}\{x-(2y+1)\}$$

$$=(x+2y+1)(x-2y-1)$$

(3)　$x^2+xy-5x-3y+6$

$$=(x-3)y+(x^2-5x+6)$$
低い次数の文字について整理する

$$=(x-3)y+(x-2)(x-3)$$

$$=(x-3)\{y+(x-2)\}$$　共通因数 $(x-3)$ でくくる

$$=(x-3)(x+y-2)$$

(4)　$4x^2-9-4xy+6y$

$$=(-4x+6)y+(4x^2-9)$$
低い次数の文字について整理する

$$=-2(2x-3)y+(2x+3)(2x-3)$$

$$=(2x-3)\{-2y+(2x+3)\}$$
共通因数 $(2x-3)$ でくくる

$$=(2x-3)(2x-2y+3)$$

(5) $x^2 - (3y - z)x - yz + 2y^2$

$= x^2 - 3xy + xz - yz + 2y^2$

$= (x - y)z + (x^2 - 3xy + 2y^2)$

$= (x - y)z + (x - 2y)(x - y)$

$= (x - y)\{z + (x - 2y)\}$

$= (x - y)(x - 2y + z)$

---

027 (1) $(x+1)(x-13)$

(2) $(x+y+3)(x+y-2)$

(3) $2x^2(x-1)(x+2)$

(4) $(a-b-4)(a-b+1)$

(5) $(x+2y)(x+y-2)$

解説 (1) $(x-1)^2 - 10(x-1) - 24$

$= \{(x-1) + 2\}\{(x-1) - 12\}$

$= (x+1)(x-13)$

(2) $(x+y+1)^2 - (x+y) - 7$

$= \{(x+y) + 1\}^2 - (x+y) - 7$ ◂
$(x+y)$ をひとかたまりとみて展開

$= (x+y)^2 + 2(x+y) + 1 - (x+y) - 7$

$= (x+y)^2 + (x+y) - 6$

$= \{(x+y) + 3\}\{(x+y) - 2\}$

$= (x+y+3)(x+y-2)$

(3) $2x^2(x-3)^2 - 14x^2(3-x) + 20x^2$

$= 2x^2\{(x-3)^2 + 7(x-3) + 10\}$ ◂
$-7(3-x) = 7(x-3)$ 共通因数 $2x^2$ でくくる

$= 2x^2\{(x-3) + 2\}\{(x-3) + 5\}$ ◂
$(x-3)$ をひとかたまりとみて因数分解

$= 2x^2(x-1)(x+2)$

(4) $a^2 - 2ab + b^2 - 3(a-b) - 4$

$= (a-b)^2 - 3(a-b) - 4$

$= \{(a-b) - 4\}\{(a-b) + 1\}$

$= (a-b-4)(a-b+1)$

(5) $x(x+5y) + 2y(y-2-x) - 2x$

$= x^2 + 5xy + 2y^2 - 4y - 2xy - 2x$
展開

$= (x^2 + 3xy + 2y^2) - 2x - 4y$

$= (x+2y)(x+y) - 2(x+2y)$

$= (x+2y)\{(x+y) - 2\}$ ◂
共通因数 $(x+2y)$ でくくる

$= (x+2y)(x+y-2)$

---

028 (1) **14** (2) ①…**−11** ②…**101**

(3) ① **1.44** ② **0**

(4) **13**

解説 (1) $x^2 - y^2 = (x+y)(x-y)$

$= (5.7 + 4.3)(5.7 - 4.3)$

$= 10 \times 1.4 = 14$

(2) $xy - 2x - 2y = xy - 2(x+y) = 3 - 2 \times 7$

$= -11$ …①

$(2x+y)(x+2y)$

$= \{(x+y) + x\}\{(x+y) + y\}$

$= (x+7)(y+7)$

$= xy + 7(x+y) + 49$

$= 3 + 7 \times 7 + 49$

$= 101$ …②

(3) ① $0.5432^2 + 4 \times 0.5432 \times 0.3284 + 4 \times 0.3284^2$

$= (0.5432 + 2 \times 0.3284)^2$

$= 1.2^2 = 1.44$

② $17 \times 23 - 20^2 + 2008^2 - 2005 \times 2011$

$= (20-3)(20+3) - 20^2 + (2010-2)^2$

$- (2010-5)(2010+1)$

$= 20^2 - 3^2 - 20^2 + 2010^2 - 4 \times 2010 + 4$

$- (2010^2 - 4 \times 2010 - 5)$

$= -9 + 4 + 5 = 0$

(4) $(x^2 + 2x + 1)^2(x^3 - 3x^2 + x - 3)^3$ の,

$(x^2 + 2x + 1)^2$ を展開したときの最高次数は, 4

$(x^3 - 3x^2 + x - 3)^3$ を展開したときの最高次数は, 9

したがって, 与式を展開した多項式の次数は,

$4 + 9 = 13$

---

029 (1) $53 = 7^2 + 2^2$

(2) ①…$a^2c^2 + a^2d^2 + b^2c^2 + b^2d^2$

②…ac ③…bd

④…ad ⑤…bc

(3) $5777 = 41^2 + 64^2 = 1^2 + 76^2$

解説 (1) 53 以下の 0 以上の整数で平方数となるのは, 1, 4, 9, 16, 25, 36, 49

であるから, これらの中の 2 数 (重複も許して) の和で 53 となるものは, 4 と 49 である。

(2) $n = (a^2 + b^2)(c^2 + d^2)$

$= a^2c^2 + a^2d^2 + b^2c^2 + b^2d^2 + 2abcd - 2abcd$

$= (a^2c^2 + 2abcd + b^2d^2)$ ◂①

$+ (a^2d^2 - 2abcd + b^2c^2)$

$= (ac + bd)^2 + (ad - bc)^2$
② ③ ④ ⑤

$= (a^2c^2 - 2abcd + b^2d^2) + (a^2d^2 + 2abcd + b^2c^2)$

$= (ac - bd)^2 + (ad + bc)^2$
② ③ ④ ⑤

(3)　$5777 = 53 \times 109$ だから，

$5777 = (2^2 + 7^2) \times (10^2 + 3^2)$ （(1)より）

　　　$= (2 \times 10 + 7 \times 3)^2 + (2 \times 3 - 7 \times 10)^2$ （(2)より）

　　　$= 41^2 + 64^2$

また，

$5777 = (2 \times 10 - 7 \times 3)^2 + (2 \times 3 + 7 \times 10)^2$ （(2)より）

　　　$= 1^2 + 76^2$

---

030 $(x, y) = (1, 3)$

解説 $xy + 3x - 2y = 0$

$\iff (y+3)x - 2y = 0$

$\iff (y+3)x - 2(y+3) + 6 = 0$

$\iff (x-2)(y+3) = -6$

$\iff (2-x)(y+3) = 6$

x, y は自然数だから，$y+3 > 0$

よって，$2-x > 0$ で，$2 > 2-x > 0$ である。

$2-x$，$y+3$ も自然数であるから，

　$(2-x, y+3) = (1, 6)$

したがって，$(x, y) = (1, 3)$

2　平方根

---

031 (1) ± 8　　(2) 0　　(3) ± 0.06　　(4) $\pm \dfrac{3}{2}$

---

032 (1) 9　　　(2) $\pm \sqrt{7}$　　　(3) -3

解説 (1)　$\sqrt{81}$ は，81 の平方根のうち正の数を表す。

(2)　7 の平方根は，2 乗すると 7 になる数，$\pm \sqrt{7}$ である。

(3)　$-\sqrt{(-3)^2} = -\sqrt{9} = -3$

　　　└─ ルートの前のマイナスは負の数であることを表す

---

033 (1) 11　　　(2) -0.01　　　(3) ± 2

解説 (1)　$\sqrt{121} = \sqrt{11^2} = 11$

(2)　$-\sqrt{0.0001} = -\sqrt{0.01^2} = -0.01$

---

034 (1) $2 < \sqrt{4.9} < 3$

　　　(2) $-6 < -\sqrt{30} < -5$

　　　(3) $24 < \sqrt{620} < 25$

解説 (1)　$\sqrt{4} < \sqrt{4.9} < \sqrt{9}$

(2)　$-\sqrt{36} < -\sqrt{30} < -\sqrt{25}$

(3)　$\sqrt{576} < \sqrt{620} < \sqrt{625}$

---

035 (1) $7 < 5\sqrt{2}$　　　(2) $\dfrac{2}{\sqrt{6}} < \dfrac{\sqrt{3}}{2}$

　　　(3) $\dfrac{6}{\sqrt{3}} < 3\sqrt{2} < 5$

解説 (1)　$5\sqrt{2} = \sqrt{50}$，$7 = \sqrt{49}$

(2)　$\dfrac{2}{\sqrt{6}} = \dfrac{2\sqrt{6}}{6} = \dfrac{\sqrt{24}}{6}$，$\dfrac{\sqrt{3}}{2} = \dfrac{3\sqrt{3}}{6} = \dfrac{\sqrt{27}}{6}$

(3)　$5 = \sqrt{25}$，$3\sqrt{2} = \sqrt{18}$，

　　　$\dfrac{6}{\sqrt{3}} = \dfrac{6\sqrt{3}}{3} = 2\sqrt{3} = \sqrt{12}$

---

036 (1) 百の位　　(2) 1 の位

　　　(3) 小数第 1 位

解説 $0.01 = \sqrt{0.0001}$

$$0.1 = \sqrt{0.01}$$
$$1 = \sqrt{1}$$
$$10 = \sqrt{100}$$
$$100 = \sqrt{10000}$$

だから，小数点から2桁ずつ区切って考えればよい。

(1) 89 | 12 | 00
　　↑百　↑十　↑一

(2) 3 | 98. | 54
　　　↑十　↑一　↑1位

(3) 0. | 38 | 56
　　　　↑1位　↑2位

---

037 (1) **6個**　　(2) **5個**　　(3) **3, 4, 5**

解説 (1) $3 < \sqrt{n} < 4 \Longleftrightarrow \sqrt{9} < \sqrt{n} < \sqrt{16}$

より，n は 10 以上 15 以下の自然数，6 個

(2) $2\sqrt{2} = \sqrt{8} < \sqrt{9} = 3$ より，題意をみたす整数は，

0, ± 1, ± 2 の 5 個

(3) $\dfrac{4}{\sqrt{2}} = 2\sqrt{2} = \sqrt{8}$，$4\sqrt{2} = \sqrt{32}$ より，

$\sqrt{8} < n < \sqrt{32}$ をみたす整数は，3, 4, 5

---

038 (1) **18.22**　　(2) **576.2**　　(3) **0.1822**

解説 (1) $\sqrt{332} = \sqrt{3.32 \times 100} = \sqrt{3.32} \times \sqrt{100}$
$$= 1.822 \times 10 = 18.22$$

(2) $\sqrt{332000} = \sqrt{33.2 \times 10000} = \sqrt{33.2} \times \sqrt{10000}$
$$= 5.762 \times 100 = 576.2$$

(3) $\sqrt{0.0332} = \sqrt{\dfrac{3.32}{100}} = \dfrac{\sqrt{3.32}}{10} = \dfrac{1.822}{10} = 0.1822$

---

039 (1) **6**　　(2) **2**　　(3) **4**

解説 (1) $\sqrt{18} \times \sqrt{2} = \sqrt{18 \times 2} = \sqrt{36} = 6$

(2) $\dfrac{\sqrt{8} \times \sqrt{3}}{\sqrt{6}} = \sqrt{\dfrac{8 \times 3}{6}} = \sqrt{4} = 2$

(3) $6\sqrt{8} \div 3\sqrt{2} = \dfrac{6\sqrt{8}}{3\sqrt{2}} = 2 \times \sqrt{\dfrac{8}{2}} = 2 \times \sqrt{4} = 4$

---

040 (1) $\sqrt{28}$　　(2) $\sqrt{\dfrac{27}{2}}$

解説 (2) $\dfrac{3\sqrt{6}}{2} = \sqrt{\left(\dfrac{3}{2}\right)^2 \times 6} = \sqrt{\dfrac{9 \times 6}{4}} = \sqrt{\dfrac{27}{2}}$

---

041 (1) $6\sqrt{6}$　　(2) $78\sqrt{2}$　　(3) $\dfrac{3}{10}\sqrt{2}$

解説 (1) $\sqrt{216} = \sqrt{6^3} = 6\sqrt{6}$

(2) $\sqrt{12168} = \sqrt{2^3 \times 3^2 \times 13^2} = 2 \times 3 \times 13\sqrt{2} = 78\sqrt{2}$

(3) $\sqrt{0.18} = \sqrt{0.3^2 \times 2} = 0.3 \times \sqrt{2} = \dfrac{3}{10}\sqrt{2}$

---

042 有理数 $\cdots \dfrac{2}{3}$,　$-\sqrt{\dfrac{4}{9}}$,　-5

無理数 $\cdots \sqrt{3}$,　$\dfrac{\sqrt{3}}{2}$,　π

解説 $-\sqrt{\dfrac{4}{9}} = -\dfrac{2}{3}$ であるから，有理数

---

043 (1) ① **0.75**　　② $0.\dot{6}\dot{3}$

(2) ① $\dfrac{5}{9}$　　② $\dfrac{103}{33}$

解説 (2) ① $x = 0.\dot{5}$ とおく。

$$\begin{cases} x = 0.55\cdots & \cdots ⑦ \\ 10x = 5.55\cdots & \cdots ④ \end{cases}$$

④ $-$ ⑦：$9x = 5$　　$x = \dfrac{5}{9}$

② $x = 3.\dot{1}\dot{2}$ とおく。

$$\begin{cases} x = 3.1212\cdots & \cdots ⑦ \\ 100x = 312.1212\cdots & \cdots ④ \end{cases}$$

④ $-$ ⑦：$99x = 309$　　$x = \dfrac{309}{99} = \dfrac{103}{33}$

---

044 (1) $\dfrac{\sqrt{10}}{5}$　　(2) $\dfrac{2\sqrt{6}}{3}$

解説 (1) $\dfrac{\sqrt{2}}{\sqrt{5}} = \dfrac{\sqrt{2} \times \sqrt{5}}{\sqrt{5} \times \sqrt{5}} = \dfrac{\sqrt{10}}{5}$

(2) $\dfrac{\sqrt{8}}{\sqrt{3}} = \dfrac{2\sqrt{2}}{\sqrt{3}} = \dfrac{2\sqrt{2} \times \sqrt{3}}{\sqrt{3} \times \sqrt{3}} = \dfrac{2\sqrt{6}}{3}$

---

045 (1) $3\sqrt{2}$　　(2) $4\sqrt{5}$　　(3) $\dfrac{8\sqrt{3}}{3}$

(4) $2\sqrt{2}$　　(5) $\sqrt{3}$　　(6) $-\dfrac{\sqrt{6}}{2}$

解説 (2) $7\sqrt{5} + \sqrt{20} - \sqrt{125} = 7\sqrt{5} + 2\sqrt{5} - 5\sqrt{5}$
$$= 4\sqrt{5}$$

(4) $\sqrt{18} + \dfrac{2}{\sqrt{2}} - \dfrac{\sqrt{24}}{\sqrt{3}} = 3\sqrt{2} + \sqrt{2} - 2\sqrt{2} = 2\sqrt{2}$

(6) $\sqrt{24} - \sqrt{54} + \dfrac{3}{\sqrt{6}} = 2\sqrt{6} - 3\sqrt{6} + \dfrac{\sqrt{6}}{2} = -\dfrac{\sqrt{6}}{2}$

046 (1) $2\sqrt{6}$ (2) $\sqrt{5}$ (3) $-\sqrt{2}$

       (4) $\sqrt{3}$ (5) $-\dfrac{\sqrt{6}}{3}$ (6) $\sqrt{3}$

解説 (1) $12 \div \sqrt{6} = \dfrac{12}{\sqrt{6}} = \dfrac{12\sqrt{6}}{6} = 2\sqrt{6}$

(3) $\sqrt{40} \div \sqrt{5} - \sqrt{18}$

    $= \sqrt{8} - \sqrt{18} = 2\sqrt{2} - 3\sqrt{2} = -\sqrt{2}$

(4) $\sqrt{27} - \sqrt{6} \times \sqrt{2} = 3\sqrt{3} - 2\sqrt{3} = \sqrt{3}$

(5) $\dfrac{\sqrt{6}}{3} - \sqrt{8} \div \sqrt{3}$

    $= \dfrac{\sqrt{6}}{3} - \dfrac{2\sqrt{2}}{\sqrt{3}} = \dfrac{\sqrt{6}}{3} - \dfrac{2\sqrt{6}}{3} = -\dfrac{\sqrt{6}}{3}$

(6) $(\sqrt{24} - \sqrt{6}) \times \dfrac{2}{\sqrt{8}}$

    $= (2\sqrt{6} - \sqrt{6}) \times \dfrac{2}{2\sqrt{2}} = \sqrt{6} \times \dfrac{1}{\sqrt{2}} = \sqrt{3}$

---

047 (1) **3.464**   (2) **0.816**   (3) **0.577**

解説

(1) $\sqrt{6} \times \sqrt{2} = 2\sqrt{3} = 2 \times 1.732 = 3.464$

(2) $\dfrac{\sqrt{2}}{\sqrt{3}} = \dfrac{\sqrt{2} \times \sqrt{3}}{3} = (1.414 \times 1.732) \div 3 \fallingdotseq 0.816$

(3) $\dfrac{1}{\sqrt{3}} = \dfrac{\sqrt{3}}{3} = \dfrac{1.732}{3} \fallingdotseq 0.577$

---

048 **48**

解説 $(-x^2 y)^2 \div \left(\dfrac{1}{2}xy^2\right) \times (-2xy)$

    $= x^4 y^2 \div \left(\dfrac{1}{2}xy^2\right) \times (-2xy)$

    $= -\dfrac{x^4 y^2 \times 2 \times 2xy}{xy^2} = -4x^4 y$

    $= -4 \times (\sqrt{2})^4 \times (-3) = 48$

⑦ 得点アップ

　平方根の問題は，平方根の定義と計算の性質を熟知する必要がある。

● a の平方根…2乗したら a になる数
　($a \geqq 0$) 　　正の平方根は $\sqrt{a}$，負の平方根は $-\sqrt{a}$ と表す。
　　　　　　　　※0の平方根は，0

● 計算の性質… $a > 0$，$b > 0$ のとき，
　　　　$\sqrt{a} \times \sqrt{b} = \sqrt{ab}$，$\dfrac{\sqrt{a}}{\sqrt{b}} = \sqrt{\dfrac{a}{b}}$

$$a\sqrt{b} = \sqrt{a^2 \times b}, \quad \dfrac{\sqrt{b}}{a} = \sqrt{\dfrac{b}{a^2}}$$

$$(\sqrt{a})^2 = \sqrt{a^2} = a$$

注意 $a > 0$ であるという条件がない場合
$$\sqrt{a^2} = \begin{cases} a & (a \geqq 0 \text{ のとき}) \\ -a & (a < 0 \text{ のとき}) \end{cases}$$

---

049 (1) $a = 22$ (2) $n = 12$

       (3) **2個**   (4) $n = 2$

解説 (1) $\sqrt{4950a} = 3 \times 5 \times \sqrt{2 \times 11 \times a}$ より，求める a の値は，$2 \times 11 = 22$

(2) $\dfrac{\sqrt{75n}}{2} = \dfrac{\sqrt{3 \times 5^2 \times n}}{2}$ であるから，求める n の値は，

    $2^2 \times 3 = 12$

(3) $\sqrt{2(17-n)}$ が自然数となるためには，

$2(17-n)$ が自然数の2乗となればよい。

したがって，$17 - n = 2m^2$（m：自然数）とおける。

$17 > 17 - n$ であるから，$2m^2 < 17$ なので

    $m = 1,\ 2$

    $17 - n = 2,\ 8$

よって，$n = 15,\ 9$

(4) $\sqrt{21(5+n)(5-n)}$

    $= \sqrt{3 \times 7 \times (5+n)(5-n)}$ …①

$5 - n > 0$ だから，n は4以下の自然数である。

$5 - n < 5 + n$，$6 \leqq 5 + n \leqq 9$ であるから，①が自然数となるのは，

    $5 - n = 3$，$5 + n = 7$ のときのみ。

これより，$n = 2$

---

050 (1) $\pi - 6$ (2) $\dfrac{1}{20}$

       (3) ウ，イ，エ，ア

解説 (1) $3 < \pi$ であるから，$3 - \pi < 0$

    $\sqrt{(3-\pi)^2} - \sqrt{(-3)^2} = -(3-\pi) - 3$

                  $= \pi - 6$

(2) $\dfrac{1}{5} < \dfrac{1}{4}$ であるから，$\dfrac{1}{5} - \dfrac{1}{4} < 0$

    $\sqrt{\left(\dfrac{1}{5} - \dfrac{1}{4}\right)^2} = -\left(\dfrac{1}{5} - \dfrac{1}{4}\right) = \dfrac{5}{20} - \dfrac{4}{20} = \dfrac{1}{20}$

(3) ㋐ $2\sqrt{5} = \sqrt{20}$

    ㋑ $\sqrt{(-4)^2} = \sqrt{16}$

ウ $\sqrt{13}$

エ $\dfrac{6}{\sqrt{2}}=3\sqrt{2}=\sqrt{18}$

より，ウ→イ→エ→ア

---

051 (1) **9**　　(2) **−90**

解説 (1) $\sqrt{(-4)^2\times 5+1}=\sqrt{16\times 5+1}=\sqrt{81}=9$

(2) $\dfrac{(-3)^{29}-3^{27}}{(\sqrt{3})^{50}}=\dfrac{-3^{29}-3^{27}}{3^{25}}=-3^4-3^2$

$\qquad\qquad =-3^2(3^2+1)=-9\times 10=-90$

---

052 (1) $45\sqrt{3}$　　(2) $\dfrac{7}{4}\sqrt{2}$　　(3) **2**　　(4) **6**

解説 (1) $(-\sqrt{3})^7-\sqrt{(-9)^2\times 3}+(\sqrt{27})^3$

$=-(\sqrt{3})^7-\sqrt{9^2\times 3}+27\sqrt{27}$

$=-\{(\sqrt{3})^2\}^3\times\sqrt{3}-9\sqrt{3}+27\times 3\sqrt{3}$

$=-3^3\sqrt{3}-9\sqrt{3}+81\sqrt{3}=45\sqrt{3}$

(3) $\dfrac{\sqrt{8}+\sqrt{28}}{\sqrt{32}}-\dfrac{\sqrt{7}-\sqrt{18}}{\sqrt{8}}$

$=\dfrac{2\sqrt{2}+2\sqrt{7}}{4\sqrt{2}}-\dfrac{\sqrt{7}-3\sqrt{2}}{2\sqrt{2}}=\dfrac{\sqrt{2}+\sqrt{7}}{2\sqrt{2}}-\dfrac{\sqrt{7}-3\sqrt{2}}{2\sqrt{2}}$

$=\dfrac{\sqrt{2}+\sqrt{7}-\sqrt{7}+3\sqrt{2}}{2\sqrt{2}}=\dfrac{4\sqrt{2}}{2\sqrt{2}}=2$

(4) $2\sqrt{15}-\sqrt{3}(3\sqrt{5}-2\sqrt{3})+\dfrac{5\sqrt{3}}{\sqrt{5}}$

$=2\sqrt{15}-3\sqrt{15}+6+\sqrt{15}=6$

---

053 (1) $\dfrac{\sqrt{2}}{2}\boldsymbol{b}^2$　　　　(2) **4**

(3) $-\boldsymbol{6}-2\sqrt{\boldsymbol{6}}+2\sqrt{\boldsymbol{30}}$　　(4) **3**

(5) $\sqrt{\boldsymbol{2}}-\boldsymbol{1}$　　(6) **41**　　(7) **8**

解説 (1) $\dfrac{10}{9\sqrt{2}}b^2+\left(\dfrac{b}{\sqrt{6}a}\right)^5\times(-3a^2)^2\div\left\{-\dfrac{(\sqrt{3}b)^3}{4a}\right\}$

$=\dfrac{5\sqrt{2}}{9}b^2+\dfrac{b^5}{36\sqrt{6}a^5}\times 9a^4\div\left(-\dfrac{3\sqrt{3}b^3}{4a}\right)$

$=\dfrac{5\sqrt{2}}{9}b^2-\dfrac{b^5\times 9a^4\times 4a}{36\sqrt{6}a^5\times 3\sqrt{3}b^3}$

$=\dfrac{5\sqrt{2}}{9}b^2-\dfrac{b^2}{9\sqrt{2}}=\dfrac{5\sqrt{2}}{9}b^2-\dfrac{\sqrt{2}}{18}b^2$

$=\dfrac{10\sqrt{2}-\sqrt{2}}{18}b^2=\dfrac{\sqrt{2}}{2}b^2$

(2) $2\sqrt{502}=\sqrt{2008}$，$3\sqrt{223}=\sqrt{2007}$

$a=2\sqrt{502}$，$b=3\sqrt{223}$ とおくと，

$\{(2\sqrt{502}+3\sqrt{223})^3+(2\sqrt{502}-3\sqrt{223})^3\}^2$

$\quad -\{(2\sqrt{502}+3\sqrt{223})^3-(2\sqrt{502}-3\sqrt{223})^3\}^2$

$=\{(a+b)^3+(a-b)^3\}^2-\{(a+b)^3-(a-b)^3\}^2$

$=\{(a+b)^3+(a-b)^3+(a+b)^3-(a-b)^3\}$

$\quad \times\{(a+b)^3+(a-b)^3-(a+b)^3+(a-b)^3\}$

$=\{2(a+b)^3\}\{2(a-b)^3\}=4\{(a+b)(a-b)\}^3$

$=4(a^2-b^2)^3=4(2008-2007)^3=4\times 1^3=4$

(3) $(\sqrt{2}-\sqrt{3}-\sqrt{5}+\sqrt{6})(\sqrt{2}-\sqrt{3}+\sqrt{5}-\sqrt{6})$

$=\{(\sqrt{2}-\sqrt{3})-(\sqrt{5}-\sqrt{6})\}$

$\quad \times\{(\sqrt{2}-\sqrt{3})+(\sqrt{5}-\sqrt{6})\}$

$=(\sqrt{2}-\sqrt{3})^2-(\sqrt{5}-\sqrt{6})^2$

$=5-2\sqrt{6}-(11-2\sqrt{30})$

$=-6-2\sqrt{6}+2\sqrt{30}$

(4) $\dfrac{\sqrt{0.52^2-0.2^2}}{0.4^2}=\dfrac{\sqrt{(0.52+0.2)(0.52-0.2)}}{0.16}$

$=\dfrac{\sqrt{0.72\times 0.32}}{0.16}\times\dfrac{100}{100}$ ⎯ $72=3^2\times 4\times 2$

$=\dfrac{\sqrt{72\times 32}}{16}=\dfrac{\sqrt{4^4\times 3^2}}{16}$ ⎯ $32=4^2\times 2$

$=\sqrt{3^2}=3$

(5) $(\sqrt{2}+1)^4(\sqrt{2}-1)^5$

$=\{(\sqrt{2}+1)(\sqrt{2}-1)\}^4\times(\sqrt{2}-1)$

$=(2-1)^4\times(\sqrt{2}-1)=\sqrt{2}-1$

(6) $3\left(\dfrac{\sqrt{3}+1}{\sqrt{2}}\right)^4-\left(\dfrac{\sqrt{3}+1}{\sqrt{2}}\right)^2\left(\dfrac{\sqrt{3}-1}{\sqrt{2}}\right)^2+3\left(\dfrac{\sqrt{3}-1}{\sqrt{2}}\right)^4$

$=\dfrac{3}{4}\{(\sqrt{3}+1)^2\}^2-\dfrac{1}{4}\{(\sqrt{3}+1)(\sqrt{3}-1)\}^2$

$\quad +\dfrac{3}{4}\{(\sqrt{3}-1)^2\}^2$

$=\dfrac{3}{4}(4+2\sqrt{3})^2-\dfrac{1}{4}(3-1)^2+\dfrac{3}{4}(4-2\sqrt{3})^2$

$=\dfrac{3}{4}\{(4+2\sqrt{3})^2+(4-2\sqrt{3})^2\}-1$

$=\dfrac{3}{4}(16+16\sqrt{3}+12+16-16\sqrt{3}+12)-1$

$=\dfrac{3\times 28\times 2}{4}-1=42-1=41$

(7) $(1+\sqrt{2}+\sqrt{3})^2(1+\sqrt{2}-\sqrt{3})^2$

$=\{(1+\sqrt{2})+\sqrt{3}\}^2\{(1+\sqrt{2})-\sqrt{3}\}^2$

$=[\{(1+\sqrt{2})+\sqrt{3}\}\{(1+\sqrt{2})-\sqrt{3}\}]^2$

$=\{(1+\sqrt{2})^2-(\sqrt{3})^2\}^2=(3+2\sqrt{2}-3)^2=(2\sqrt{2})^2$

$=8$

---

054 (1) **9個**　　(2) $\boldsymbol{n}=\boldsymbol{194}$

解説 (1) $2<\sqrt{5}<3$ より，$-3<-\sqrt{5}<-2$

よって，$-2<1-\sqrt{5}<-1$

また，$4<\sqrt{20}<5$ より，$7<3+2\sqrt{5}<8$

　　　　$\underset{\llcorner 2\sqrt{5}}{}$

よって，-1 から 7 までの整数の 9 個。

(2) $\sqrt{26^4-10^4}$

$=\sqrt{(26^2+10^2)(26^2-10^2)}$

$=\sqrt{(26^2+10^2)(26+10)(26-10)}$

$=\sqrt{(26^2+10^2)\times36\times16}=24\sqrt{26^2+10^2}$

$=24\sqrt{2^2\times13^2+2^2\times5^2}=24\times2\sqrt{13^2+5^2}=48\sqrt{194}$

$194=2\times97$ であるので，求める n は 194

---

055 (1) $8\sqrt{5}$　　(2) $\sqrt{5}$　　(3) 1

　　　(4) $-2-2\sqrt{6}+2\sqrt{10}-2\sqrt{15}$

解説 (1) $x+y=2\sqrt{5}$，$x-y=4$，$xy=1$ である。

$x^3y-xy^3=xy(x^2-y^2)$

$\qquad\qquad=xy(x+y)(x-y)$

$\qquad\qquad=1\times2\sqrt{5}\times4=8\sqrt{5}$

(2) $x+y=1$，$xy=-1$ である。

$x^2+xy+y^2+4x+2y-5$

$=(x+y)^2-xy+4x+2(1-x)-5$

$=1+1+2x-3$

$=2x-1=2\times\dfrac{1+\sqrt{5}}{2}-1=\sqrt{5}$

(3) $x=3-2\sqrt{2}$ より，$(x-3)^2=(-2\sqrt{2})^2$

$\qquad\qquad\qquad\qquad\qquad=8$

$x^2-6x+2=(x-3)^2-9+2$

$\qquad\qquad=8-9+2=1$

(4) $a+c=2\sqrt{2}$ より，

$ab+bc+ca=b(a+c)+ca$

$\qquad\qquad=2\sqrt{2}b+ca$ …①

$ca=\{\sqrt{2}+(\sqrt{3}+\sqrt{5})\}\{\sqrt{2}-(\sqrt{3}+\sqrt{5})\}$

$=2-(\sqrt{3}+\sqrt{5})^2=2-(8+2\sqrt{15})$

$=-6-2\sqrt{15}$

①より

$ab+bc+ca=2\sqrt{2}(\sqrt{2}-\sqrt{3}+\sqrt{5})-6-2\sqrt{15}$

$\qquad-4-2\sqrt{6}+2\sqrt{10}-6-2\sqrt{15}$

$\qquad=-2-2\sqrt{6}+2\sqrt{10}-2\sqrt{15}$

---

056 (1) $33-19\sqrt{3}$　　(2) 2　　(3) $4\sqrt{5}$

解説 (1) $1<\sqrt{3}<2$，$7\sqrt{3}=\sqrt{7^2\times3}=\sqrt{147}$ より，

$12=\sqrt{144}<7\sqrt{3}<\sqrt{169}=13$ であるから，

$a=\sqrt{3}-1$，$b=7\sqrt{3}-12$

よって，$ab=(\sqrt{3}-1)(7\sqrt{3}-12)$

$\qquad\qquad=21-12\sqrt{3}-7\sqrt{3}+12$

$\qquad\qquad=33-19\sqrt{3}$

(2) $\dfrac{6-\sqrt{3}}{\sqrt{3}}=\dfrac{(6-\sqrt{3})\times\sqrt{3}}{\sqrt{3}\times\sqrt{3}}=\dfrac{6\sqrt{3}-3}{3}$

$\qquad\qquad=2\sqrt{3}-1$

$2\sqrt{3}=\sqrt{12}$ であるから，$3<2\sqrt{3}<4$

よって，$2<2\sqrt{3}-1<3$ であるから，

求める整数部分の値は，2

(3) $2<\sqrt{5}<3$ より，$a=2$，$b=\sqrt{5}-2$

$ab^2+4ab+3a+b^3+4b^2+3b$

$=a(b^2+4b+3)+b(b^2+4b+3)$

$=(a+b)(b^2+4b+3)$

$=(a+b)(b+3)(b+1)$

$=\sqrt{5}(\sqrt{5}+1)(\sqrt{5}-1)=\sqrt{5}(5-1)=4\sqrt{5}$

---

057 (1) 9　　(2) $n=29$，31

解説 (1) $\sqrt{81}<\sqrt{98}<\sqrt{100}$ より，$9<\sqrt{98}<10$

よって，$[\sqrt{98}]=9$

(2) $[\sqrt{2n}]=7$ より，$7\leqq\sqrt{2n}<8$

よって，$49\leqq2n<64$

したがって，$24.5\leqq n<32$

n は素数であるから，$n=29$，31

---

058 (1) $n=24$，25，26　　(2) 6

解説 (1) $\sqrt{n}$ の近似値を 5 としたとき，

誤差の絶対値が 0.2 より小さいことから，

$\qquad-0.2<\sqrt{n}-5<0.2$

よって，$4.8<\sqrt{n}<5.2$ の辺々を 2 乗して，

　　$\underset{\llcorner 0<a<b<c\text{のとき，}a^2<b^2<c^2}{}$

$23.04<n<27.04$ …①

$\sqrt{n+12}$ の近似値を 6 としたとき，

誤差の絶対値は 0.2 より小さいことから，

$\qquad-0.2<\sqrt{n+12}-6<0.2$

よって，$5.8<\sqrt{n+12}<6.2$ の辺々を 2 乗して，

　　$\underset{\llcorner(2)\text{で利用する}}{}$

$33.64<n+12<38.44$

すなわち

$21.64<n<26.44$ …②

①と②の共通範囲は，

$23.04<n<26.44$

n は自然数であるから，求める n の値は

$n=24$，25，26

(2) (1)の結果より, $n=26$ のときを考えると,

$$\frac{1}{\sqrt{26+12}-6}=\frac{1}{\sqrt{38}-6}\times\frac{\sqrt{38}+6}{\sqrt{38}+6}$$

$$=\frac{\sqrt{38}+6}{(\sqrt{38})^2-6^2}$$

$$=\frac{\sqrt{38}+6}{2}$$

(1)より, $5.8<\sqrt{38}<6.2$ であるから,

$$\frac{5.8+6}{2}<\frac{\sqrt{38}+6}{2}<\frac{6.2+6}{2}$$

よって, $5.9<\dfrac{\sqrt{38}+6}{2}<6.1$

したがって, 小数第1位を四捨五入した値は 6

⤴得点アップ

$a>0$, $b>0$ のとき

$$\frac{1}{\sqrt{a}-\sqrt{b}}=\frac{1}{\sqrt{a}-\sqrt{b}}\times\frac{\sqrt{a}+\sqrt{b}}{\sqrt{a}+\sqrt{b}}$$

$$=\frac{\sqrt{a}+\sqrt{b}}{(\sqrt{a})^2-(\sqrt{b})^2}$$

$$=\frac{\sqrt{a}+\sqrt{b}}{a-b}$$

059 (1) ① **11**　② **−3**　③ **15**
　　　　④ **31−8√15**　⑤ **3**
　　(2) ① $\boldsymbol{x=\sqrt{6}+2}$　② $《\boldsymbol{x}》=\boldsymbol{4}$

解説 (1) ①　$11-0.5\leqq10.5<11+0.5$ より,
　　　$《10.5》=11$

②　$-3-0.5<-3.4<-3+0.5$ より,
　　$《-3.4》=-3$

③　$14.5^2=210.25$, $15.5^2=240.25$ より,
　　$14.5<\sqrt{231}<15.5$ であるから,
　　　$《\sqrt{231}》=15$

④　$3.5^2=12.25$, $4.5^2=20.25$ より,
　　$3.5<\sqrt{15}<4.5$ であるから, $《\sqrt{15}》=4$
　　よって, $(\sqrt{15}-《\sqrt{15}》)^2=(\sqrt{15}-4)^2$
　　　　　$=(\sqrt{15})^2-2\times\sqrt{15}\times4+4^2=31-8\sqrt{15}$

⑤　$1.5^2=2.25$, $2.5^2=6.25$ より,
　　$1.5<\sqrt{3}<2.5$ であるから, $《\sqrt{3}》=2$
　　よって, $(\sqrt{7}+《\sqrt{3}》)(\sqrt{7}-《\sqrt{3}》)$
　　　　　$=(\sqrt{7}+2)(\sqrt{7}-2)=(\sqrt{7})^2-2^2=3$

(2) ①　$\sqrt{6}x=2x+2$ を変形すると,
　　　$(\sqrt{6}-2)x=2$

よって,

$$x=\frac{2}{\sqrt{6}-2}=\frac{2}{\sqrt{6}-2}\times\frac{\sqrt{6}+2}{\sqrt{6}+2}=\frac{2(\sqrt{6}+2)}{(\sqrt{6})^2-2^2}$$

$$=\sqrt{6}+2$$

②　$1.5^2<6<2.5^2$ より, $1.5<\sqrt{6}<2.5$ であるから,
　　$3.5<\sqrt{6}+2<4.5$
　　したがって, $《x》=《\sqrt{6}+2》=4$

⤴得点アップ

(2)　$2^2<6<3^2$ より, $2<\sqrt{6}<3$ であるから, $4<\sqrt{6}+2<5$ とすると, $《\sqrt{6}+2》$ が求まらなくなる。四捨五入であることを念頭において, $1.5^2<6<2.5^2$ と考えればよい。

060 (1) $\boldsymbol{x=3}$, **10**, **15**, **18**
　　(2) $\dfrac{\boldsymbol{1}}{\boldsymbol{a}}<\boldsymbol{a}<-\boldsymbol{a^2}<\boldsymbol{a^3}<\sqrt{\boldsymbol{a^2}}$

解説 (1)　$19-x>0$ で, x は正の整数であるから,
　　　$1\leqq19-x\leqq18$
　　である。$144=2^4\times3^2$ であるから,
　　　$\sqrt{\dfrac{144}{19-x}}$ が整数となるのは,
　　　$19-x=1$, 4, 9, 16
　　よって, $x=18$, 15, 10, 3

(2)　$a<0$ であるから, $\sqrt{a^2}=-a\,(>0)$
　　$-1<a<0$ の辺々を $-a\,(>0)$ でわると,
　　　$\dfrac{1}{a}<-1<0$
　　よって, $\dfrac{1}{a}<-1<a<0$
　　また, $a<-a^2<a^3$ であるから,
　　　$\dfrac{1}{a}<a<-a^2<a^3<\sqrt{a^2}$

3　2次方程式

061 (1) $x=\pm 8$　　(2) $x=\pm\dfrac{3}{2}$

(3) $x=\pm 3\sqrt{2}$

解説 (2) $x^2=\dfrac{9}{4}$　$x=\pm\dfrac{3}{2}$

(3) $x^2=18$　$x=\pm 3\sqrt{2}$

062 (1) $x=7,\ 3$　　(2) $x=-1\pm\sqrt{3}$

(3) $x=3,\ -2$

解説 (2) $x+1=\pm\sqrt{3}$　$x=-1\pm\sqrt{3}$

(3) $\left(x-\dfrac{1}{2}\right)^2=\dfrac{25}{4}$　$x-\dfrac{1}{2}=\pm\dfrac{5}{2}$

$x=\dfrac{1}{2}\pm\dfrac{5}{2}$　$x=3,\ -2$

063 (1) $x=-2\pm\sqrt{5}$　　(2) $x=1\pm\sqrt{3}$

(3) $x=\dfrac{1\pm\sqrt{5}}{2}$

解説 (1) $(x+2)^2-4=1$　$(x+2)^2=5$

$x+2=\pm\sqrt{5}$　$x=-2\pm\sqrt{5}$

(2) $(x-1)^2-1-2=0$　$(x-1)^2=3$

$x-1=\pm\sqrt{3}$　$x=1\pm\sqrt{3}$

(3) $\left(x-\dfrac{1}{2}\right)^2-\dfrac{1}{4}-1=0$　$\left(x-\dfrac{1}{2}\right)^2=\dfrac{5}{4}$

$x-\dfrac{1}{2}=\pm\dfrac{\sqrt{5}}{2}$　$x=\dfrac{1}{2}\pm\dfrac{\sqrt{5}}{2}$

⏎ 得点アップ

$(x+p)^2=x^2+2px+p^2$ を利用して，与えられた方程式を変形することによって2次方程式が解けるようにしておこう。この変形は平方完成と呼ばれ，今後高校数学でも重要かつ頻出である。

上の展開公式により，

$$x^2+2px=(x+p)^2-p^2$$

半分　2乗をひく

この平方完成から，2次方程式の解の公式が得られる。（→[ガイド]参照。）

064 (1) $x=-4,\ -6$　　(2) $x=5$

(3) $x=0,\ -7$　　(4) $x=-\dfrac{4}{3},\ \dfrac{2}{3}$

065 (1) $x=3,\ 4$　　(2) $x=8,\ -1$

(3) $x=2,\ -4$　　(4) $x=-6,\ 1$

解説 (1) $(x-3)(x-4)=0$

(2) $(x-8)(x+1)=0$

(3) $(x-2)(x+4)=0$

(4) $(x+6)(x-1)=0$

066 (1) $x=0,\ -2$　　(2) $x=-5,\ 3$

(3) $x=-6,\ 2$　　(4) $x=7,\ -5$

解説 (1) $2x^2+4x=0$　$2x(x+2)=0$

(2) $x^2+6x+9=4x+24$　$x^2+2x-15=0$

$(x+5)(x-3)=0$

(3) $x^2+x-2=-3x+10$　$x^2+4x-12=0$

$(x+6)(x-2)=0$

(4) $\{(x+3)-10\}\{(x+3)+2\}=0$

$(x-7)(x+5)=0$

067 (1) $2(x+2)^2-8$　　(2) $4\left(x-\dfrac{1}{4}\right)^2-\dfrac{13}{4}$

解説 (1) $2x^2+8x=2(x^2+4x)$　←x^2 の係数でくくる

$=2\{(x+2)^2-4\}$　←（ ）の中を平方完成

$=2(x+2)^2-8$　←{ }をはずす

(2) $4x^2-2x-3=4\left(x^2-\dfrac{1}{2}x\right)-3$　←x^2 の係数でくくる

$=4\left\{\left(x-\dfrac{1}{4}\right)^2-\dfrac{1}{16}\right\}-3$　←（ ）の中を平方完成

$=4\left(x-\dfrac{1}{4}\right)^2-\dfrac{1}{4}-3$　←{ }をはずす

$=4\left(x-\dfrac{1}{4}\right)^2-\dfrac{13}{4}$

068 (1) $x=\dfrac{1}{2},\ 2$　　(2) $x=\dfrac{1}{3}$

(3) $x=-\dfrac{1}{3},\ 1$　　(4) $x=1\pm\dfrac{\sqrt{2}}{2}$

解説 (1) $2\left(x^2-\dfrac{5}{2}x\right)+2=0$

$$2\left\{\left(x-\frac{5}{4}\right)^2-\frac{25}{16}\right\}+2=0$$

$$2\left(x-\frac{5}{4}\right)^2-\frac{25}{8}+2=0$$

$$2\left(x-\frac{5}{4}\right)^2=\frac{9}{8}$$

$$\left(x-\frac{5}{4}\right)^2=\frac{9}{16}\qquad x-\frac{5}{4}=\pm\frac{3}{4}$$

$$x=\frac{5}{4}\pm\frac{3}{4}\qquad x=2,\ \frac{1}{2}$$

(2)　$9\left(x^2-\frac{2}{3}x\right)+1=0$

$$9\left\{\left(x-\frac{1}{3}\right)^2-\frac{1}{9}\right\}+1=0$$

$$9\left(x-\frac{1}{3}\right)^2-1+1=0$$

$$9\left(x-\frac{1}{3}\right)^2=0\qquad x=\frac{1}{3}$$

(3)　$3\left(x^2-\frac{2}{3}x\right)-1=0$

$$3\left\{\left(x-\frac{1}{3}\right)^2-\frac{1}{9}\right\}-1=0$$

$$3\left(x-\frac{1}{3}\right)^2-\frac{4}{3}=0$$

$$\left(x-\frac{1}{3}\right)^2=\frac{4}{9}\qquad x-\frac{1}{3}=\pm\frac{2}{3}$$

$$x=\frac{1}{3}\pm\frac{2}{3}\qquad x=1,\ -\frac{1}{3}$$

(4)　$2(x^2+2x)+1=0$

$$2\{(x+1)^2-1\}+1=0$$

$$2(x+1)^2-1=0\qquad (x+1)^2=\frac{1}{2}$$

$$x+1=\pm\frac{1}{\sqrt{2}}\left(=\pm\frac{\sqrt{2}}{2}\right)\qquad x=-1\pm\frac{\sqrt{2}}{2}$$

---

069 (1) $x=\dfrac{-1\pm\sqrt{17}}{4}$　　(2) $\dfrac{1\pm\sqrt{13}}{6}$

解説 (1)　$x=\dfrac{-1\pm\sqrt{1^2-4\times2\times(-2)}}{2\times2}$

$$=\frac{-1\pm\sqrt{17}}{4}$$

(2)　$x=\dfrac{-(-1)\pm\sqrt{(-1)^2-4\times3\times(-1)}}{2\times3}$

$$=\frac{1\pm\sqrt{13}}{6}$$

---

070 (1) $a=3$　　他の解…$x=-5$

(2) $x^2+2x-\dfrac{5}{4}=0$

解説 (1)　$x^2+ax-10=0$ の解が 2 であるから，

$$4+2a-10=0\qquad a=3$$

よって，$x^2+3x-10=0$

$$(x-2)(x+5)=0\qquad x=2,\ -5$$

したがって，他の解は，$x=-5$

(2)　$\dfrac{1}{2}$ と $-\dfrac{5}{2}$ を解にもつ 2 次方程式のうち，x^2 の

係数が 1 であるものは，

$$\left(x-\frac{1}{2}\right)\left\{x-\left(-\frac{5}{2}\right)\right\}=0$$

すなわち，$\left(x-\dfrac{1}{2}\right)\left(x+\dfrac{5}{2}\right)=0$

よって，$x^2+2x-\dfrac{5}{4}=0$

---

071 (1) **8, 9, 10**　　(2) **6 cm**　　(3) $\pm\sqrt{5}$

解説 (1)　連続する 3 つの正の整数を，n，$n+1$，

$n+2$ とおく。

題意より，$(n+1)(n+2)-2n=74$

整理すると，$n^2+n-72=0$

$$(n-8)(n+9)=0$$

$n\geqq1$ であるから，$n=8$

よって，求める 3 つの整数は，8, 9, 10

(2)　題意より，$2x^2=(x+2)(x+3)$

$$x^2-5x-6=0$$

$$(x-6)(x+1)=0$$

$x>0$ より，$x=6$

(3)　□を x とおく。

$$10\div(x\times x)\times10-10=10$$

$$\frac{100}{x^2}-10=10\qquad x^2=5\qquad x=\pm\sqrt{5}$$

---

072 (1) **2**　　(2) **3cm，11cm**

解説 (1)　解は，$3k$，$-4k$ とおける。

2 次方程式に代入すると，

$$9ak^2+3k-6=0\quad 3ak^2+k-2=0\ \cdots①$$

$$16ak^2-4k-6=0\quad 8ak^2-2k-3=0\ \cdots②$$

①×8−②×3 より，$8k+6k-16+9=0$

$$14k=7$$

$$k=\frac{1}{2}$$

①より，$\dfrac{3}{4}a + \dfrac{1}{2} - 2 = 0$　　$\dfrac{3}{4}a = \dfrac{3}{2}$

$a = 2$

(2) 1 本のひもを x cm と $(56-x)$ cm の 2 本にした
とすると，題意より，$0 < x < 56$ で，

$$\left(\dfrac{x}{4}\right)^2 + \left(\dfrac{56-x}{4}\right)^2 = 130$$

└ 1 辺の長さは $\dfrac{x}{4}$ cm になる
└ 1 辺の長さは $\dfrac{56-x}{4}$ cm になる

$$\left(\dfrac{x}{4}\right)^2 + \left(14 - \dfrac{x}{4}\right)^2 = 130$$

$\dfrac{x}{4} = y$ とおくと，

$y^2 + (14-y)^2 = 130$

$2y^2 - 28y + 66 = 0$

$y^2 - 14y + 33 = 0$

$(y-11)(y-3) = 0$

$y = 3,\ 11$

この y と $14-y$ の値が 2 つの正方形の 1 辺の長
さであるから，求める 1 辺の長さは，

3 cm，11 cm

---

073 (1) **32**　　(2) $\boldsymbol{n(n+1)}$　　(3) **14**

解説 (1) 2 段目は，1 段目の隣り合う 2 数の積，3
段目は，2 段目の隣り合う 2 数の和であるから，
アに入る数は，

$12 + 20 = 32$

(2) 右の図より，
イに入る式は，

$n(n+1)$

1 段目	$n-1$		n		$n+1$
2 段目		$n(n-1)$		$\boxed{n(n+1)}$	
3 段目			$n(n-1) + n(n+1)$		

(3) ウに入る数を
n とすると，右の図より，

$n(n-1) + n(n+1) = 392$

$2n^2 = 392$　　$n^2 = 196$

$n > 0$ であるから，$n = 14$

---

074 (1) $\boldsymbol{50 - \dfrac{1}{2}x}$

(2) $\boldsymbol{a = 200,\ b = -185,\ c = 8500}$

(3) $\boldsymbol{x = 60}$

解説 (1) 50 % の水溶液 x g 中にふくまれる物質
A の質量は，

$x \times \dfrac{50}{100} = \dfrac{1}{2}x$ (g)

よって，$100 \times \dfrac{50}{100} - \dfrac{1}{2}x = 50 - \dfrac{1}{2}x$ (g)

(2) 操作 [I] 後の水溶液の濃度は，

$$\dfrac{50 - \dfrac{1}{2}x}{100} \times 100 = 50 - \dfrac{1}{2}x \ (\%)$$

$\left(50 - \dfrac{1}{2}x\right)$ % の水溶液 $(x+15)$ g 中にふくまれる
物質 A の質量は，

$$(x+15) \times \dfrac{50 - \dfrac{1}{2}x}{100}$$

$$= (15+x)\left(\dfrac{1}{2} - \dfrac{1}{200}x\right)$$

$$= \dfrac{15}{2} - \dfrac{3}{40}x + \dfrac{x}{2} - \dfrac{1}{200}x^2$$

$$= -\dfrac{1}{200}x^2 + \dfrac{17}{40}x + \dfrac{15}{2} \ (g)$$

よって，操作 [II] 後の水溶液に溶けている物質
A の質量は，

$$50 - \dfrac{1}{2}x - \left(-\dfrac{1}{200}x^2 + \dfrac{17}{40}x + \dfrac{15}{2}\right)$$

$$= \dfrac{1}{200}x^2 - \dfrac{37}{40}x + \dfrac{85}{2}$$

$$= \dfrac{1}{200}(x^2 - 185x + 8500) \ (g)$$

(3) (2)より，

$$\dfrac{1}{200}(x^2 - 185x + 8500) = 5$$

$(x-60)(x-125) = 0$　$x = 60,\ 125$

$0 < x < 85$ だから，$x = 60$

---

075 (1) A の速さ…時速 $\dfrac{\boldsymbol{5(x+1)}}{\boldsymbol{9}}$ **km**，

B の速さ…時速 $\dfrac{\boldsymbol{x}}{\boldsymbol{2}}$ **km**

(2) $\boldsymbol{x = 8}$

解説 (1)

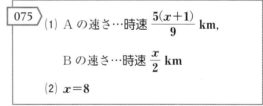

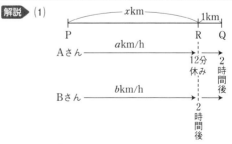

A，B の速さをそれぞれ時速 a km，b km とする
と，題意より，

$$\frac{x+1}{a}+\frac{12}{60}=2$$

└─ $(x+1)$ km ┘ └ 12分＝$\frac{12}{60}$ 時間
を a km/h
で歩くのに
かかる時間

$$\frac{x+1}{a}=\frac{9}{5} \qquad a=\frac{5(x+1)}{9}$$

また，

$$\frac{x}{b}=2 \qquad b=\frac{x}{2}$$

(2)

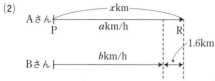

Aさん ├──── x km ────→
P　　　 a km/h　　　R
　　　　　　　　　　　↘ 1.6km
Bさん ├──── b km/h ────→

題意より，$\dfrac{x}{a}=\dfrac{x-1.6}{b}$

であるから，$bx=a(x-1.6)$

(1)より，

$$\frac{x}{2}\times x=\frac{5(x+1)}{9}\times(x-1.6)$$

$$9x^2=10(x+1)(x-1.6)$$

$$x^2-6x-16=0$$

$$(x-8)(x+2)=0$$

$x>1.6$ より，$x=8$

---

076 (1) **$1500(x+50)$ 円** (2) **$x=30$**

解説 (1) $125000\times\left(1+\dfrac{2x}{100}\right)\times\dfrac{3}{5}$

　　　　　 └ $2x$ % 増しの ┘ └ 売れた割合
　　　　　 　 定価をつける

　　　 $=1500(x+50)$（円）

(2) 仕入れた個数の $\dfrac{2}{5}$ は，定価の x %引きで売る

のだから，値引き分は，

$$\underbrace{125000\times\left(1+\frac{2x}{100}\right)}_{\text{定価}}\times\frac{x}{100}\times\frac{2}{5}=24000$$

└──────── 定価の x % 分 ────────┘

であるから，

$$x\left(1+\frac{x}{50}\right)=24000\div500$$

$$x^2+50x-2400=0$$

$$(x+80)(x-30)=0$$

$$x=-80,\ 30$$

$x>0$ より，$x=30$

---

077 (1) **40 %** (2) **8 cm**

解説 (1) 横を 30 % 短くすると，横の長さは，

　　　 $40\times(1-0.3)=28$ (cm)

となるから，20 cm の縦の長さを 28 cm にすれば
よい。

　　　 $28\div20\times100=140$ (%)

よって，縦を 40 % 長くすればよい。

(2) 短くする長さを x cm とおくと，$0<x<20$ である。

題意より，

　　　 $(20-x)(40-x)=20\times40\times0.48$

　　　 $x^2-60x+800=384$

　　　 $x^2-60x+416=0$

　　　 $(x-8)(x-52)=0$

　　　 $x=8,\ 52$

$0<x<20$ より，$x=8$

---

078 **$a=1,\ 2$**

解説 PQ＝PO より，点 P の y 座標は 3 であるから，x 座標は，

　　　 $3=x+a$ より，$x=3-a$

よって，P$(3-a,\ 3)$

点 R の座標は，$(0,\ a)$ であるから，

　　　 $\triangle\text{OPR}=\dfrac{1}{2}\times a\times(3-a)$

したがって，

　　　 $\dfrac{1}{2}a(3-a)=1$

　　　 $a^2-3a+2=0$

　　　 $(a-2)(a-1)=0$

　　　 $a=1,\ 2$

---

079 (1) **$x=\dfrac{1}{3},\ 5$** (2) **$x=\sqrt{2},\ \sqrt{3}-1$**

(3) **$x=\dfrac{2}{3},\ \dfrac{9}{2}$**

解説

(1) $\{(x+2)+(2x-3)\}\{(x+2)-(2x-3)\}=0$

　　 $\underbrace{(3x-1)(-x+5)=0}$

　　 $x=\dfrac{1}{3},\ 5$　　　 └ $3x-1=0$ または $-x+5=0$

(2) $x^2+(1-\sqrt{2}-\sqrt{3})x+\sqrt{2}(\sqrt{3}-1)=0$ ◀─┐

　　　　　　かけて $\sqrt{2}(\sqrt{3}-1)$ たして $(1-\sqrt{2}-\sqrt{3})$
　　　　　　となる 2 数を見つける

$(x-\sqrt{2})\,\{x-(\sqrt{3}-1)\}=0$

    └ $x-\sqrt{2}=0$ または $x-(\sqrt{3}-1)=0$

$x=\sqrt{2},\ \sqrt{3}-1$

(3) $\{(6x-7)+3\}\,\{(6x-7)-20\}=0$

   $(6x-4)(6x-27)=0$ ← $6x-4=2(3x-2)$

                       $6x-27=3(2x-9)$

   $6(3x-2)(2x-9)=0$ ← $3x-2=0$ または

                       $2x-9=0$

   $x=\dfrac{2}{3},\ \dfrac{9}{2}$

---

080 (1) $x=\dfrac{-1\pm\sqrt{5}}{2}$ (2) $x=\dfrac{1}{2},\ 0$

      (3) $x=50$

解説 (1) $3^2(x+4)^2+3^2(x-3)^2=3^5$ ← $(3x+12)^2$

                          $=\{3(x+4)\}^2$

   $(x+4)^2+(x-3)^2=3^3$ $(3x-9)^2$

   $2x^2+2x-2=0$ $=\{3(x-3)\}^2$

   $x^2+x-1=0$

   $x=\dfrac{-1\pm\sqrt{5}}{2}$ ← 解の公式

(2) $(1-2x)\{1-(1-2x)\}=0$

   $(1-2x)\times(2x)=0$ ← $1-2x=0$ または $2x=0$

   $x=\dfrac{1}{2},\ 0$

(3) $(200-x)(100-x)=\dfrac{200^2\times3}{4^2}$

   $20000-300x+x^2=50\times50\times3$

   $x^2-300x+12500=0$

   $(x-50)(x-250)=0$ $x=50,\ 250$

  $0<x<200$ より，$x=50$

---

081 (1) $x=-3,\ 1$ (2) $1-\sqrt{5}$

    (3) 6 (4) $x^2-2x-2=0$

解説 (1) $x^2+ax+b=0$ の解が $1,\ 2$ であるから，

$\begin{cases}1+a+b=0&\cdots①\\4+2a+b=0&\cdots②\end{cases}$

 ②$-$①より，$a+3=0$ $a=-3$

 ①より，$b=2$

 このとき，$x^2+2x-3=0$

   $(x+3)(x-1)=0$

   $x=-3,\ 1$

(2) $x^2-(a+1)x+a=0$

   $(x-a)(x-1)=0$

   $x=a,\ 1$

 題意より，$-2<a<-1$ $\cdots①$

 また，$x^2-3x+a-4=0$ の解の1つが a であるか

ら，

   $a^2-3a+a-4=0$

   $a^2-2a-4=0$

   $a=1\pm\sqrt{5}$ ← 解の公式

 ①より，$a=1-\sqrt{5}$

(3) 与えられた2次方程式の2つの解を $a,\ 2a$ とおく。

 与えられた2次方程式に代入すると，

$\begin{cases}a^2-ma+8=0&\cdots①\\(2a)^2-m(2a)+8=0&\cdots②\end{cases}$

 ①$\times2-$②より，$2a^2-4a^2+16-8=0$

            $2a^2=8$ $a^2=4$ $a=\pm2$

 $a>0$ より，$a=2$

 このとき，①より，$4-2m+8=0$

   $m=6$

(4) $x^2+2x-2=0$ より，$x=-1\pm\sqrt{3}$

                     └ 解の公式

 よって，題意をみたす2つの解 $1\pm\sqrt{3}$ を解にも

つ2次方程式の1つは，

   $\{x-(1+\sqrt{3})\}\,\{x-(1-\sqrt{3})\}=0$

   $x^2-2x-2=0$

---

082 (1) $a=-5$

    (2) $a=5,\ b=-1$

     もう1つの解…$x=-2$

解説 (1) $x^2-5x-6=0$ $(x-6)(x+1)=0$

  $x=-1,\ 6$

 よって，$x^2-(2a+1)x-(a-3)=0$ の解の1つは，

 $x=-1$ であるから，

   $(-1)^2-(2a+1)\times(-1)-(a-3)=0$

 これを解くと，$a=-5$

(2) ①，②に $x=3$ を代入すると，

   $9+(a-6)\times3+6b=0$

   $a+2b=3$ $\cdots①'$

   $9-(a-1)\times3-(b-2)=0$

   $3a+b=14$ $\cdots②'$

 ①$'-$②$'\times2$ より，$a=5,\ b=-1$

 このとき，①は，$x^2-x-6=0$

   $(x-3)(x+2)=0$

   $x=3,\ -2$

 よって，①のもう1つの解は，$x=-2$

---

083 (1) $4+2\sqrt{10}$ (2) 5

解説 (1) $x=5$ を与えられた方程式に代入すると,
$$25+(y-4)^2=65$$
$$(y-4)^2=40$$
$$y-4=\pm\sqrt{40}$$
$$y=4\pm2\sqrt{10}$$
$y>0$ より, $y=4+2\sqrt{10}$

(2) $(y-4)^2=65-x^2$ より, y が正の整数になるためには, $65-x^2$ が平方数になればよい。
└─ 65 以下の平方数 64, 49, 36, 25, 16, 9, 4, 1 が候補

$x=1$ のとき,
$(y-4)^2=64=8^2$ より, $y=12$

$x=4$ のとき,
$(y-4)^2=49=7^2$ より, $y=11$

$x=7$ のとき,
$(y-4)^2=16=4^2$ より, $y=8$

$x=8$ のとき,
$(y-4)^2=1=1^2$ より, $y=5, 3$

したがって, 求める x と y の組は全部で 5 組ある。

---

084 (1) **11** (2) **4** (3) **5**

解説 (1) ①に $x=5$ を代入すると,
$$25-5a+30=0 \quad a=11$$

(2) ①の整数解を p, q $(p\leqq q)$ とおくと,
$$x^2-ax+30=(x-p)(x-q)$$
であるから,
$$x^2-ax+30=x^2-(p+q)x+pq$$
より,
$$\begin{cases} p+q=a \\ pq=30 \end{cases}$$
←─ p と q は同符号で, a は自然数なので, $a>0$ であるから, p と q は正

p, q は整数であるから,

p	1	2	3	5
q	30	15	10	6

このとき, $a=31$, 17, 13, 11 の 4 通りである。

(3) ②より, $3b=x(22-x)$ …②′
b は自然数より, $3b$ は 3 の倍数
したがって, $x(22-x)$ も 3 の倍数である。
(2)の結果より, ①と②の共通解は, $x=1$, 2, 3, 5, 6, 10, 15, 30 の中で, $x(22-x)$ の値が 3 の倍数となるものである。よって, $x=1$, 3, 6, 10, 15 の 5 個が考えられ, 題意をみたす a と b の値の組は 5 通りある。

---

085 (1) **5** (2) **20**

解説 (1) 題意より, $p^2-3p+1=0$ …①
$$q^2-3q+1=0 \quad …②$$
①+②：$p^2+q^2-3(p+q)+2=0$
よって, $p^2+q^2-3(p+q)+7=0+5=5$

(2) $x^2-4x+2=(x-a)(x-b)$
$$=x^2-(a+b)x+ab$$
であるから, $a+b=4$, $ab=2$
$$a^2b+ab^2+a^2+b^2=ab(a+b)+(a+b)^2-2ab$$
$$=2\times4+4^2-2\times2$$
$$=20$$

---

086 最も小さいもの…**12**
最も大きいもの…**19**

解説 $x^2-2x-n=0$ を, 解の公式で解くと,
$$x=\frac{-(-2)\pm\sqrt{(-2)^2-4\times1\times(-n)}}{2\times1}$$
$$x=1\pm\sqrt{1+n}$$
また, n は自然数だから,
$$\sqrt{1+n}\geqq\sqrt{2}$$
x は小数第 1 位で四捨五入すると, 5 になるので
$$4.5\leqq x<5.5 \text{ で,}$$
$x=1+\sqrt{1+n}$ の方の解を指しているとわかる。
よって,
$$4.5\leqq1+\sqrt{1+n}<5.5$$
両辺から 1 をひいて,
$$3.5\leqq\sqrt{1+n}<4.5$$
両辺を 2 乗して,
$$(3.5)^2\leqq(\sqrt{1+n})^2<(4.5)^2$$
$$12.25\leqq1+n<20.25$$
両辺から 1 をひいて,
$$11.25\leqq n<19.25$$
これを満たす自然数 n で最も小さいものは 12,
最も大きいものは 19

⏎ 得点アップ

四捨五入をして 5 になるということは, 4.5 以上 5.5 未満になることに注意しておきたい。決して, 4.5 以上 5.4 以下と表さないよう, 注意が必要。

087
(1) $a=-1$, $b=2$　(2) $-\dfrac{1}{2}$

(3) **10, 18**　(4) $n=2$, **4**, **6**, **8**

(5) $\begin{cases} x=-2 \\ y=5 \end{cases}$ $\begin{cases} x=5 \\ y=-2 \end{cases}$

解説 (1) ①の両辺を6でわると，

$$x^2-\frac{5}{6}x+\frac{1}{6}=0$$

$$\left(x-\frac{1}{2}\right)\left(x-\frac{1}{3}\right)=0 \qquad x=\frac{1}{2},\ \frac{1}{3}$$

よって，②の解は，$x=2$, 3 であるから，

②は，$(x-2)(x-3)=0$

$$x^2-5x+6=0$$

係数を比較して，$\begin{cases} 3a-b=-5 \\ -2(a-b)=6 \end{cases}$

連立方程式を解くと，$a=-1$, $b=2$

(2) $x^2-x-12=0$ を解くと，$(x-4)(x+3)=0$ より，

$x=4$, -3

(ⅰ) 共通な解が4のとき

$4^2-2k\times 4+8k-2=0$ が成り立つはずであるが，この等号は成り立たないので，不適

(ⅱ) 共通な解が -3 のとき

$(-3)^2-2k\times(-3)+8k-2=0$ が成り立つから，

$$k=-\frac{1}{2}$$

以上により，$k=-\dfrac{1}{2}$

(3) $a^2-4a=12$ より，$a^2-4a-12=0$

$(a+2)(a-6)=0 \qquad a=-2$, 6

よって，$a^2-3a=(a^2-4a)+a$

$$=12+a$$

$$=10\ \text{または}\ 18$$

(4) 1260 の正の約数は，$1260=2^2\times 3^2\times 5\times 7$
より，

$\left.\begin{array}{l} 1,\ 2,\ 3,\ 4,\ 6,\ 9,\ 12,\ 18,\ 36, \\ 5,\ 10,\ 15,\ 20,\ 30,\ 45,\ 60,\ 90, \\ 180, \\ 7,\ 14,\ 21,\ 28,\ 42,\ 63,\ 84,\ 126, \\ 252, \\ 35,\ 70,\ 105,\ 140,\ 210,\ 315, \\ 420,\ 630,\ 1260 \end{array}\right\}$ 全部で $3\times 3\times 2\times 2$ $=36$（個）

であるから，この中で1を加えると平方数になる数をさがすと，

$n^2-1=3$, 15, 35, 63

よって，$n^2=4$, 16, 36, 64

$n>0$ より，$n=2$, 4, 6, 8

(5) $y=3-x$ より，これを第1式に代入すると，

$$x^2+(3-x)^2=29$$

$$2x^2-6x-20=0$$

$$x^2-3x-10=0$$

$$(x-5)(x+2)=0$$

$$x=-2,\ 5$$

$x=-2$ のとき，$y=3-(-2)=5$

$x=5$ のとき，$y=3-5=-2$

088 (1) **31250 円**　(2) **220, 280**

解説 (1) 10円値上げするごとに，売れるワッフルは5個ずつ減るので，50円値上げしたときに売れるワッフルの個数は，

$$(50\div 10)\times 5=25\ \text{(個)}$$

減る。よって，50円値上げしたときの1日の売り上げ額は，

$$(200+50)\times(150-25)=31250\ \text{(円)}$$

(2) x 円値上げしたとすると，売れるワッフルの個数は，

$$(x\div 10)\times 5=\frac{1}{2}x\ \text{(個)}$$

減る。売り上げ額が30800円だから，

$$\underset{\text{└値段}}{(200+x)}\times \underset{\text{└個数}}{\left(150-\frac{1}{2}x\right)}=30800$$

$$x^2-100x+1600=0$$

$$(x-20)(x-80)=0$$

$$x=20,\ 80$$

よって，

$x=20$ のとき，$200+20=220$（円）

$x=80$ のとき，$200+80=280$（円）

089 (1) **200 冊**　(2) **10**

解説 (1) 開店前に用意したノートA，ノートBを x 冊すると，売れた冊数は，

$$\underset{\substack{\text{└ノートA, B} \\ \text{の合計の3割}}}{\frac{3}{10}(x+x)}=\underset{\substack{\text{└ノートA} \\ \text{の売れた冊数}}}{(x-160)}+\underset{\substack{\text{└ノートB} \\ \text{の売れた冊数}}}{(x-120)}$$

$$\frac{3}{5}x=2x-280 \quad \cdots ①$$

①$\times 5$ より，$3x=10x-1400$

$$-7x=-1400$$

$$x=200$$

(2) 1 日目に売れた冊数は，開店前の $\dfrac{t}{100}$

2 日目に売れた冊数は開店前の 1 日目の残りの t

％なので，$\left(1-\dfrac{t}{100}\right)\times\dfrac{t}{100}$

2 日間で売れた冊数の割合から，

$$\dfrac{t}{100}+\left(1-\dfrac{t}{100}\right)\times\dfrac{t}{100}=\dfrac{19}{100}\quad\cdots①$$

①×10000 より，

$$100t+t(100-t)=1900$$

$$t^2-200t+1900=0$$

$$(t-10)(t-190)=0$$

$$t=10,\ 190$$

$0<t<100$ より，

$$t=10$$

---

090 **10 g**

解説 ▶ はじめに取り出した食塩水の量を $x\,\mathrm{g}$ とする。$x\,\mathrm{g}$ の食塩水を取り出したとき，容器の中に残っている食塩の量は，

$$100\times\dfrac{20}{100}-x\times\dfrac{20}{100}=20-\dfrac{1}{5}x\ (\mathrm{g})$$

さらに，$2x\,\mathrm{g}$ の食塩水を取り出したとき，容器の中に残っている食塩の量は，

$$\left(20-\dfrac{1}{5}x\right)-2x\times\dfrac{20-\dfrac{1}{5}x}{100}$$

$$=20-\dfrac{1}{5}x-\dfrac{2}{5}x+\dfrac{1}{250}x^2$$

$$=\dfrac{1}{250}x^2-\dfrac{3}{5}x+20\ (\mathrm{g})$$

食塩水の量は $100\,\mathrm{g}$ なので，これが濃度に等しいから，

$$\dfrac{1}{250}x^2-\dfrac{3}{5}x+20=14.4$$

$$x^2-150x+1400=0$$

$$(x-140)(x-10)=0\qquad x=10,\ 140$$

題意より，$0<2x<100$ であるから，

　└ 100 g の食塩水から取り出す量 x，$2x$ は，
　　どちらも 0 g より多く 100 g より少ない

$x=140$ は不適

よって，$x=10$

---

091 $x=\dfrac{6\sqrt{5}}{5},\ y=\dfrac{4\sqrt{5}}{5}$

解説 ▶ 円柱 A，B の体積はそれぞれ，$\pi x^2 y,\ \pi y^2 x$

であり，$x>y$ であるから，$\pi x^2 y>\pi y^2 x$

よって，

$$\pi x^2 y+\pi y^2 x=5(\pi x^2 y-\pi y^2 x)$$

$$4\pi x^2 y-6\pi y^2 x=0$$

$$2\pi xy(2x-3y)=0$$

$2\pi xy\neq0$ であるから，$2x-3y=0$　…①

また，円柱 A，B の表面積はそれぞれ，

$$\pi x^2\times2+2\pi x\times y,\ \pi y^2\times2+2\pi y\times x$$

であるから，

$$2\pi x^2+2\pi xy+2\pi y^2+2\pi xy=40\pi$$

$$2\pi(x^2+2xy+y^2)=40\pi$$

両辺を 2π でわると，

$$(x+y)^2=20$$

$x>0,\ y>0$ より，$x+y>0$ だから，

$$x+y=2\sqrt{5}\ (>0)\quad\cdots②$$

①＋②×3 より，$5x=6\sqrt{5}$　　$x=\dfrac{6\sqrt{5}}{5}$

②より，$y=2\sqrt{5}-\dfrac{6\sqrt{5}}{5}=\dfrac{4\sqrt{5}}{5}$

---

092 (1) **8 時間**　　(2) **17 km**

解説 ▶ (1) A 君の速さは，$68\,\mathrm{km}$ を 4 時間 48 分で進んだのだから，

$$68\div\left(4+\dfrac{48}{60}\right)$$

1周68km
B君　A君
S
すれ違う

$$=68\div\dfrac{24}{5}=\dfrac{85}{6}\ (\mathrm{km/h})$$

B 君の速さを $x\,\mathrm{km/h}$，A 君と初めてすれ違うまでの時間を t 時間とすると，

$$xt+5x=68\quad\cdots①$$

　↑└── すれ違ってから 5 時間後に S 地点につい
　　　　たのだから，その距離は $5x\,\mathrm{km}$
　└ A 君とすれ違うまでの B 君の走った距離

$$\dfrac{85}{6}t+xt=68\quad\cdots②$$

　↑└── A 君とすれ違うまでの B 君の走った距離
　└ A 君が B 君とすれ違うまでの A 君の走った距離

①－②より，$5x-\dfrac{85}{6}t=0$　　$x=\dfrac{17}{6}t$

これを①に代入して，

$$\dfrac{17}{6}t\times t+5\times\dfrac{17}{6}t=68$$

$$t^2+5t-24=0$$

$$(t+8)(t-3)=0$$

$$t=-8,\ 3$$

$t>0$ より，$t=3$

よって，B君が1周するのは，$3+5=8$（時間）

(2) 2人が出発してからt_1時間後にA君とB君が2回目にすれ違うとする。

(1)より，B君の速さは，$\dfrac{68}{8}=\dfrac{17}{2}$（km/h）

よって，$\dfrac{17}{2}t_1+\dfrac{85}{6}t_1=68\times2$

これを解くと，$t_1=6$

したがって，A君は$\dfrac{85}{6}\times6=85$（km）進んだところで，2回目にB君とすれ違うのだから，S地点から

$85-68=17$（km）

の地点である。

---

093 (1) ① $(6x^2-36x+81)\text{m}^2$　② $9x\ \text{m}^2$

(2) $a=3-\sqrt{2},\ \dfrac{13}{3}$

解説 (1)

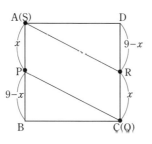

① $0\leqq x\leqq3$ のとき，

AP$=x$ (m)，AS$=9-3x$ (m)

PB$=9-x$ (m)，BQ$=3x$ (m)

△APS≡△CRQ，△PBQ≡△RDS より，

（四角形PQRS）

$=9\times9-\dfrac{1}{2}\times(9-3x)\times x\times2$

$\qquad-\dfrac{1}{2}\times(9-x)\times3x\times2$

$=6x^2-36x+81$

② $3\leqq x\leqq9$ のとき，点QとSはそれぞれ，点C，Aにとどまる。四角形PQRSは平行四辺形で，

（四角形PQRS）

$=x\times9$

$=9x$

(2) ㋐ $0\leqq a\leqq3$ のとき，題意をみたすaの値が存在するとする。

$6a^2-36a+81=39$

$a^2-6a+7=0$

$a=3\pm\sqrt{2}$　←解の公式

$0\leqq a\leqq3$ であるから，$a=3-\sqrt{2}$

㋑ $3\leqq a\leqq9$ のとき，題意をみたすaの値が存在するとする。

$9a=39$

$a=\dfrac{13}{3}$　（$3\leqq a\leqq9$ をみたす）

4 関数 $y=ax^2$

094 (1) $y=3x^2$ (2) $y=-48$

解説 (1) $y=ax^2$ とおくと，$x=3$ のとき
$y=27$ だから，
$$27=a\times3^2 \quad 9a=27 \quad a=3$$
ゆえに，$y=3x^2$

(2) $y=ax^2$ とおくと，$x=2$ のとき $y=-12$ だから，
$$-12=a\times2^2 \quad 4a=-12 \quad a=-3$$
ゆえに，$y=-3x^2$
$x=4$ のとき，$y=-3\times4^2=-48$

095 ［説明］$-a\leqq x\leqq a+1$ の範囲で $y=x^2$ のグラフ上の点で y 座標が整数である点の y 座標は，1，2，3，……，a^2 となるものが 2 点ずつ，計 $2a^2$ 個 …①
0 となるものが 1 個 …②
a^2+1，a^2+2，……，$(a+1)^2$
$[=a^2+2a+1]$
となるものが $(2a+1)$ 個 …③
あるから，①〜③より，全部で
$$2a^2+1+(2a+1)=2a^2+2a+2$$
$$=2(a^2+a+1) 個$$
…④
a は正の整数なので，a^2+a+1 も正の整数であり，④は偶数であることが説明できた。

096 (1) ① $y=8$ ②
② ③ 3
(2) $a=-2$

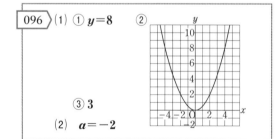

解説 (1) ① $x=4$ のとき，$y=\frac{1}{2}\times4^2=8$
③ x が 2 から 4 まで増加するときの変化の割合は，

$$\frac{\frac{1}{2}\times4^2-\frac{1}{2}\times2^2}{4-2}=\frac{8-2}{2}=\frac{6}{2}=3$$

(2) $y=ax^2$ は，点 $(1, -2)$ を通っているから，
$$-2=a\times1^2 \quad a=-2$$

097 (1) ⑦，⑨，④ (2) ④，④ (3) ④

解説 (1) ⑦ 変化の割合が一定なのは直線である。
(2) ⑦ $y=-x^2$ は，y は x^2 に比例する。
⑨ $x=3$ のときの y の値は，
$y=-3^2=-9$ である。
④ x の変域が $-5\leqq x\leqq1$ のときの y の変域は，$-25\leqq y\leqq0$ である。

098 $\dfrac{64}{9}$

解説 点 A は曲線 $m:y=x^2$ 上の点であるから，A(a, a^2) とおくと，$\triangle OAB=4$ より，
$$\frac{1}{2}\times3\times a=4 \quad a=\frac{8}{3}$$
したがって，点 A の y 座標は，
$$a^2=\left(\frac{8}{3}\right)^2=\frac{64}{9}$$

099 (1) $y=-x+4$ (2) 12
(3) $y=2x+4$

解説 (1) 点 A，点 B は，x 座標がそれぞれ -4，2 で，$y=\frac{1}{2}x^2$ 上の点であるから，その座標は，
A$(-4, 8)$，B$(2, 2)$
である。この 2 点を通る直線の方程式は，
$$y=\frac{2-8}{2-(-4)}(x-2)+2$$
よって，$y=-x+4$

(2) $y=-x+4$ と y 軸との交点は，C$(0, 4)$
$$\triangle AOB=\triangle AOC+\triangle COB$$
$$=\frac{1}{2}\times4\times4+\frac{1}{2}\times4\times2$$
$$=8+4=12$$

(3) (2)より，$\triangle AOB=12$，$\triangle COB=4$ より，線分 OA 上の点 D で，$\triangle OCD=2$ となる点 D の x 座標を t とおくと，
$$\frac{1}{2}\times4\times(-t)=2 \quad t=-1$$
直線 OA の方程式は，$y=-2x$ であるから，

D$(-1,\ 2)$

よって，求める直線は，直線CDであるから，

$$y=\dfrac{4-2}{0-(-1)}x+4$$
↳ y切片は 4
$$y=2x+4$$

---

100 (1) -3　　(2) -3

解説 (1)
$$\dfrac{\frac{1}{2}(-2)^2-\frac{1}{2}(-4)^2}{-2-(-4)}=\dfrac{2-8}{2}$$
$$=-\dfrac{6}{2}=-3$$

(2)
$$\dfrac{-\frac{1}{2}\times4^2-\left(-\frac{1}{2}\times2^2\right)}{4-2}=\dfrac{-8+2}{2}$$
$$=-\dfrac{6}{2}=-3$$

---

101 $a=\dfrac{1}{3}$

解説 $\dfrac{a\times4^2-a\times2^2}{4-2}=2$ より，

$$\dfrac{4^2-2^2}{4-2}a=2$$

$$\dfrac{(4+2)(4-2)}{4-2}a=2\qquad(4+2)a=2$$

$$a=\dfrac{1}{3}$$

---

102 (1) $a=-\dfrac{1}{3}$　　(2) $a=-4,\ b=0$

解説 (1) 条件より，$y=ax^2$ は点$(3,\ -3)$を通るから，

$$-3=a\times3^2\qquad a=-\dfrac{1}{3}$$

(2) $y=\dfrac{1}{2}x^2$ は，$x=2$ のとき $y=2$ であるから，条件より，$x=a$ のとき $y=8$ でなければならない。

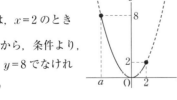

$$\dfrac{1}{2}a^2=8\qquad a^2=16\qquad a=\pm4$$

$a<2$ であるから，$a=-4$

このとき，$y=\dfrac{1}{2}x^2$ の $-4\leqq x\leqq2$ における y の変域は $0\leqq y\leqq8$ であるから，$b=0$

---

103 (1) $n=0,\ -1,\ -2$　　(2) $a=-4,\ -1$

解説 (1) 右のグラフより，題意をみたすためには，
$$n\leqq0\ \ かつ，\ \ -3<n$$
でなければならない。
よって，$n=0,\ -1,\ -2$

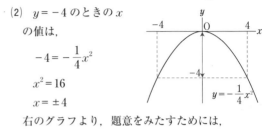

(2) $y=-4$ のときの x の値は，

$$-4=-\dfrac{1}{4}x^2$$
$$x^2=16$$
$$x=\pm4$$

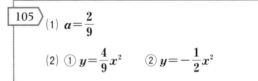

右のグラフより，題意をみたすためには，
$$a=-4\ \ または\ \ a+5=4$$
でなければならない。 $a=-4,\ -1$

---

104 秒速 40 m

解説 $\dfrac{5\times5^2-5\times3^2}{5-3}=\dfrac{5}{2}(25-9)=40$ (m/秒)

---

105 (1) $a=\dfrac{2}{9}$

(2) ① $y=\dfrac{4}{9}x^2$　　② $y=-\dfrac{1}{2}x^2$

解説 (1) $2=a\times3^2\qquad a=\dfrac{2}{9}$

(2) ① $y=ax^2$ とおくと，$4=a\times(-3)^2$
$$a=\dfrac{4}{9}$$

② $y=ax^2$ とおくと，$-2=a\times(-2)^2$
$$a=-\dfrac{1}{2}$$

---

106 (1) $y=x+3$　　(2) $a=\dfrac{1}{4}$

解説 (2) $\triangle\text{AOB}=\dfrac{9}{2}$ より，点 P は，第1象限内の点である。

点 P の x 座標を p とおくと，点 P は $y=x+3$ 上の点であるから，y 座標は $p+3$ とおける。

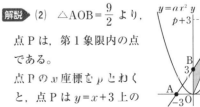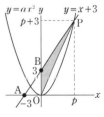

$\triangle \text{OPB} = \dfrac{1}{2} \times 3 \times p = 9$ より，$p = 6$

よって，点 P(6, 9)

$y = ax^2$ がこの点 P を通るから，

$$9 = a \times 6^2 \qquad a = \dfrac{1}{4}$$

---

107 (1) $\boldsymbol{a = -\dfrac{1}{2}}$

　　(2) 点 B の $\boldsymbol{x}$ 座標　$\boldsymbol{-2}$

　　　　直線 AB の方程式　$\boldsymbol{y = -x - 4}$

　　(3) **12**　　(4) $\boldsymbol{p = -16}$

解説 (1) $y = ax^2$ は，点 A(4, -8) を通るから，

$$-8 = a \times 4^2 \qquad a = -\dfrac{1}{2}$$

(2) 点 B の y 座標は -2 であるから，x 座標は，

$$-2 = -\dfrac{1}{2} x^2 \qquad x^2 = 4 \qquad x = \pm 2$$

$x < 0$ より，$x = -2$

よって，2 点 A(4, -8)，B(-2, -2) を通る直線の方程式は，

$$y = \dfrac{-8 - (-2)}{4 - (-2)}(x - 4) - 8$$

$$y = -x - 4$$

(3) 直線 AB と y 軸との交点 C は，C(0, -4)

$$\triangle \text{OAB} = \triangle \text{OAC} + \triangle \text{OBC}$$

$$= \dfrac{1}{2} \times 4 \times 4 + \dfrac{1}{2} \times 4 \times 2$$

$$= 8 + 4 = 12$$

(4) $\triangle \text{OAB}$ と $\triangle \text{ABP}$ は，辺 AB が共通の辺なので，OC : CP = 1 : 3 となるような点 P を求めればよい。

よって，点 P の y 座標 p は，$p = -16$

---

108 (1) $\boldsymbol{b = 9}$　　(2) $\boldsymbol{y = -x + 6}$

　　(3) **15**　　(4) $\boldsymbol{\dfrac{6}{13}}$

解説 (1) $b = (-3)^2$ より，$b = 9$

(2) 2 点 B(-3, 9)，C(2, 4) を通る直線の方程式は，

$$y = \dfrac{4 - 9}{2 - (-3)}(x - 2) + 4$$

$$y = -x + 6$$

(3) 直線 BC と y 軸の交点を A とおくと，

A(0, 6)

$$\triangle \text{OBC} = \triangle \text{OAB} + \triangle \text{OAC}$$

$$= \dfrac{1}{2} \times 6 \times 3 + \dfrac{1}{2} \times 6 \times 2$$

$$= 9 + 6 = 15$$

(4) 点 C と x 軸に関して対称な点を C' とおくと，C'(2, -4)

$$\text{BQ} + \text{CQ} = \text{BQ} + \text{C'Q}$$

であるから，これが最小となる x 軸上の点 Q は，直線 BC' 上にある。直線 BC' の方程式は，

$$y = \dfrac{-4 - 9}{2 - (-3)}(x - 2) - 4$$

$$y = -\dfrac{13}{5} x + \dfrac{6}{5}$$

これが x 軸と交わる点の x 座標は，

$$0 = -\dfrac{13}{5} x + \dfrac{6}{5} \text{ より，} x = \dfrac{6}{13}$$

---

109 (1) **B(3, 9)**　　(2) **-1**

　　(3) **PA : AQ = 7 : 9**

　　(4) $\boldsymbol{t = 1,\ \sqrt{17}}$

解説 (2) $t = 2$ のとき，P(2, 4) であるから，直線 AP の傾きは，

$$\dfrac{4 - 9}{2 - (-3)} = -1$$

(3) $t = 4$ のとき，

P(4, 16)

右の図より，

PA : AQ

= PA' : A'Q'

= (16 - 9) : (9 - 0)

= 7 : 9

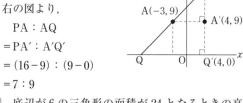

(4) 底辺が 6 の三角形の面積が 24 となるときの高さは，8 である。よって，点 P の y 座標は，$9 \pm 8 = 1$, 17 である。

点 P の y 座標が 1 のとき，x 座標 t は，

$$1 = t^2$$

$t > 0$ より，$t = 1$

点 P の y 座標が 17 のとき，x 座標 t は，

$$17 = t^2$$

$t > 0$ より，$t = \sqrt{17}$

110 $\text{AB}=2\sqrt{3}$

解説 直線 ℓ の方程式は,
$$y=2(x+2)-2$$
すなわち, $y=2x+2$
点 P と Q の x 座標は,
$$x^2=2x+2$$
$$x^2-2x-2=0$$
$$x=1\pm\sqrt{3}$$
よって,
$$\text{AB}=(1+\sqrt{3})-(1-\sqrt{3})=2\sqrt{3}$$

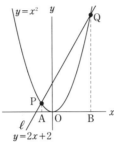

111 (1) $\text{A}(-2,\ 4),\ \text{B}(3,\ 9)$　　(2) **15**

(3) $\dfrac{43}{2}\pi$

解説 (1) 点 A, B は曲線 $y=x^2$ 上の点であるから,
$\text{A}(a,\ a^2)$, $\text{B}(b,\ b^2)$ とおく。$\text{PA}:\text{AB}=4:5$ より, $\text{PA}:\text{PB}=4:9$ であるから,
x 座標に着目して,
$$|a-(-6)|:|b-(-6)|=4:9$$
$$9(a+6)=4(b+6)$$
$$9a-4b=-30\quad\cdots①$$
y 座標に着目して,
$$a^2:b^2=4:9$$
$$4b^2=9a^2$$
$$(3a+2b)(3a-2b)=0$$
$$3a=\pm2b$$
a と b は異符号であるから
$$3a=-2b\quad\cdots②$$
①, ②より,
$$a=-2,\ b=3$$
よって, $\text{A}(-2,\ 4)$, $\text{B}(3,\ 9)$
(2) 直線 AB と y 軸の交点を C とおく。直線 AB の式は, $y=\dfrac{9-4}{3-(-2)}(x-3)+9$
$$y=x+6$$
ゆえに, $\text{C}(0,\ 6)$
$$\triangle\text{OAB}=\triangle\text{OAC}+\triangle\text{OBC}$$
$$=\frac{1}{2}\times6\times2+\frac{1}{2}\times6\times3$$
$$=15$$

(3) 点 A, B と y 軸に関して対称な点をそれぞれ A′, B′ とおき,
直線 OB : $y=3x$ と
直線 A′B′ : $y=-x+6$
との交点を D とおくと,
$$\text{D}\left(\frac{3}{2},\ \frac{9}{2}\right)$$

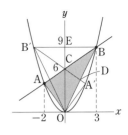

またE(0, 9) とおく。求める立体の体積は, △OA′C と △OBE をそれぞれ回転させてできる立体の体積の和から, △ODC と △CBE を回転させてできる立体の体積をひいた値に等しい。
$$\left(\frac{1}{3}\times\pi\times2^2\times6+\frac{1}{3}\times\pi\times3^2\times9\right)$$
$$-\left\{\frac{1}{3}\times\pi\times\left(\frac{3}{2}\right)^2\times6+\frac{1}{3}\times\pi\times3^2\times3\right\}$$
$$=\frac{43}{2}\pi$$

112 (1) **2**　(2) $a=4$　(3) $y=x+4$

(4) **12 cm²**　(5) **48π cm³**

解説 (1) 点 A の x 座標は 2 であるから, y 座標は, $y=\dfrac{1}{2}\times2^2=2$

(2) $y=\dfrac{a}{x}$ のグラフは点 A(2, 2) を通るから,
$$a=2\times2$$
$$a=4$$

(3) 直線 ℓ は, 2 点 B$(-2,\ 2)$, C$(4,\ 8)$ を通る直線であるから, 方程式は,
$$y=\frac{8-2}{4-(-2)}(x-4)+8$$
$$y=x+4$$

(4) $\text{AB}=2-(-2)$
$$=4\ (\text{cm})$$
直線 AB と, 点 C を通り x 軸に垂直な直線との交点を D とすると, D(4, 2)
辺 AB を底辺とみたとき, 高さは,
$$\text{CD}=8-2=6\ (\text{cm})$$
よって, $\triangle\text{ABC}=\dfrac{1}{2}\times4\times6=12\ (\text{cm}^2)$

(5) 求める立体の体積は,

（△BCD を回転させた円錐の体積）

－（△ACD を回転させた円錐の体積）

$= \dfrac{1}{3} \times \pi \times 6^2 \times \{4-(-2)\} - \dfrac{1}{3} \times \pi \times 6^2 \times (4-2)$

$= 72\pi - 24\pi = 48\pi \ (\text{cm}^3)$

---

(1) $y = \dfrac{3}{4}x + \dfrac{1}{4}$

(2) ① $t = \dfrac{4}{3}$ ② $y = -3x + \dfrac{4}{9}$

解説 (1)

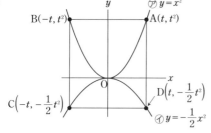

$t=1$ のとき，A$(1, 1)$，B$(-1, 1)$，

C$\left(-1, -\dfrac{1}{2}\right)$，D$\left(1, -\dfrac{1}{2}\right)$ であるから，

直線 AC の方程式は，

$y = \dfrac{1-\left(-\dfrac{1}{2}\right)}{1-(-1)}(x-1) + 1$

よって，

$y = \dfrac{3}{4}x + \dfrac{1}{4}$

(2) ① A(t, t^2)，B$(-t, t^2)$，C$\left(-t, -\dfrac{1}{2}t^2\right)$，

D$\left(t, -\dfrac{1}{2}t^2\right)$ と表せる。

AB＝AD より，$t-(-t) = t^2 - \left(-\dfrac{1}{2}t^2\right)$

$2t = \dfrac{3}{2}t^2$

$t \neq 0$ より，$t = \dfrac{4}{3}$

② 辺 CD と y 軸の交点を H とおく。

①より，A$\left(\dfrac{4}{3}, \dfrac{16}{9}\right)$，B$\left(-\dfrac{4}{3}, \dfrac{16}{9}\right)$，

C$\left(-\dfrac{4}{3}, -\dfrac{8}{9}\right)$，D$\left(\dfrac{4}{3}, -\dfrac{8}{9}\right)$，

E$\left(0, \dfrac{16}{9}\right)$，H$\left(0, -\dfrac{8}{9}\right)$

である。直線 AC の方程式は，

$y = x + \dfrac{4}{9}$ …ウ

であるから，F$\left(0, \dfrac{4}{9}\right)$

また，直線 ED の方程式は，

$y = -2x + \dfrac{16}{9}$ …エ

であるから，ウとエを連立させると，

G$\left(\dfrac{4}{9}, \dfrac{8}{9}\right)$

ここで，求める直線と辺 CD との交点を I とおくと，

$\triangle \text{FCI} = \dfrac{1}{2}\triangle \text{GCD}$

$= \triangle \text{GCH}$

よって，$\triangle \text{GFH} = \triangle \text{IFH}$ であるから，

FH ∥ GI

であることがわかる。

したがって，I$\left(\dfrac{4}{9}, -\dfrac{8}{9}\right)$ だから，求める直線

FI の方程式は，

$y = \dfrac{-\dfrac{8}{9} - \dfrac{4}{9}}{\dfrac{4}{9}}x + \dfrac{4}{9}$

すなわち，$y = -3x + \dfrac{4}{9}$

---

114 (1) $a = \dfrac{1}{2}$ (2) **60** (3) **(4, 8)**

(4) **9**

解説 (1) 点 A，B の座標はそれぞれ，

A$(-4, 16a)$，B$(6, 36a)$

であり，直線 AB の傾きが1であることから，

$\dfrac{36a - 16a}{6 - (-4)} = 1$ よって，$a = \dfrac{1}{2}$

(2) (1)より，A$(-4, 8)$，B$(6, 18)$ であるから，

直線 AB の方程式は，

$y = (x-6) + 18$

すなわち，$y = x + 12$

直線 AB と y 軸の交点を C とおくと，

C$(0, 12)$

$\triangle \text{AOB} = \triangle \text{AOC} + \triangle \text{BOC}$

$= \dfrac{1}{2} \times 12 \times 4 + \dfrac{1}{2} \times 12 \times 6$

$= 24 + 36 = 60$

(3) 求める点を P_1，点 $(-2,\ 2)$ を P_2 とおくと，

$\triangle P_2 AB = \triangle P_1 AB$

より，$AB /\!/ P_2 P_1$

点 $P_2(-2,\ 2)$ を通り，直線 AB に平行な直線の方程式は，

$y = (x+2) + 2$

すなわち，$y = x + 4$

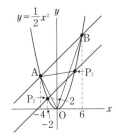

点 P_1 は，$y = \dfrac{1}{2}x^2$ と $y = x + 4$ との交点のうち，点 P_2 でない方である。

$\dfrac{1}{2}x^2 = x + 4$

$(x-4)(x+2) = 0$ $x = 4,\ -2$

よって，$P_1(4,\ 8)$

(4) 四角形 AP_2P_1B は台形であるから，線分 AB の中点を M，線分 P_1P_2 の中点を N，線分 MN の中点を Q とおくと，求める直線は，この点 Q を通ればよい。

$M(1,\ 13)$，$N(1,\ 5)$ であるから，$Q(1,\ 9)$

---

115 (1) $a = 2,\ b = \dfrac{1}{8}$ (2) $8 - 4\sqrt{7}$

解説 (1)

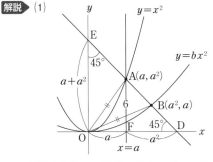

上の図のように，直線 AB と x 軸，y 軸との交点をそれぞれ D，E とし，直線 $x = a$ と x 軸との交点を F とする。

また，直線 AB の傾きは -1 だから，$\triangle EOD$，$\triangle AFD$ は直角二等辺三角形である。

$OA = OB$ より，$\angle OAB = \angle OBA$ であるから，

$\angle AOE = \angle OAB - \angle OEA$

　　　　　$= \angle OBA - \angle ODB$

　　　　　$= \angle BOD$

よって，$\triangle OAE \equiv \triangle OBD$ となり，

└ 2 組の辺とその間の角がそれぞれ等しい

$A(a,\ a^2)$ なので，$B(a^2,\ a)$ と表せる。

$OD = OF + FD = OF + FA = a + a^2 = OE$

$\triangle OAB = \triangle EOD - 2\triangle OAE$

$\quad = \dfrac{1}{2} \times (a + a^2)^2 - 2 \times \dfrac{1}{2} \times a(a + a^2)$

$\quad = \dfrac{a + a^2}{2}(a + a^2 - 2a) = \dfrac{a^4 - a^2}{2}$

よって，$\dfrac{a^4 - a^2}{2} = 6$

$(a^2 - 4)(a^2 + 3) = 0$

$a^2 = 4$

$a > 1$ より，$a = 2$

$B(4,\ 2)$ は $y = bx^2$ 上にあるので，

$2 = b \times 4^2$

$b = \dfrac{1}{8}$

(2)

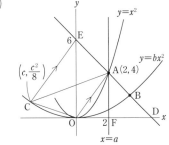

$A(2,\ 4)$，$E(0,\ 6)$ なので，$\triangle OAE = \dfrac{1}{2} \times 6 \times 2 = 6$

となり，$\triangle OAE = \triangle OAC$

つまり，$CE /\!/ OA$ となるように C をとる。

└ 等積変形を使う。線分 OA が底辺で，面積が等しい三角形は高さが等しい

$C\left(c,\ \dfrac{c^2}{8}\right)$ とすると，直線 CE と OA の傾きが等しいから，変化の割合より，

$\dfrac{6 - \dfrac{c^2}{8}}{0 - c} = \dfrac{4}{2}$

$\dfrac{\dfrac{c^2}{8} - 6}{c} = 2$

両辺に c をかけて，

$\dfrac{c^2}{8} - 6 = 2c$

両辺に 8 をかけて，

$c^2 - 48 = 16c$

$c^2 - 16c - 48 = 0$

└ 解の公式

$c = \dfrac{16 \pm \sqrt{(-16)^2 - 4 \times 1 \times (-48)}}{2}$

$c = 8 \pm 4\sqrt{7}$

$c < 0$ より，$c = 8 - 4\sqrt{7}$

116 (1) $a=\dfrac{1}{2}$ (2) $\dfrac{3}{5}$

(3) CQ：QP＝5：4

解説 (1) 点 A$(-1, 1)$ は，直線 $y=ax+3a$ 上の点であるから

$$1=-a+3a \qquad a=\dfrac{1}{2}$$

(2) 点 B は，$y=x^2$ と $y=\dfrac{1}{2}x+\dfrac{3}{2}$ との交点で，点 A と異なる方であるから，

$$x^2=\dfrac{1}{2}x+\dfrac{3}{2} \qquad 2x^2-x-3=0$$

解の公式より，$x=\dfrac{1\pm\sqrt{1+24}}{4}=\dfrac{1\pm5}{4}$

$$x=\dfrac{3}{2},\ -1$$

よって，B$\left(\dfrac{3}{2},\ \dfrac{9}{4}\right)$　　したがって，C$\left(\dfrac{3}{2},\ 0\right)$

直線 AC の方程式は，$y=\dfrac{0-1}{\dfrac{3}{2}-(-1)}\left(x-\dfrac{3}{2}\right)$

すなわち，$y=-\dfrac{2}{5}x+\dfrac{3}{5}$

点 D は，これと $y=x^2$ との交点のうち，点 A と異なる方であるから，

$$x^2=-\dfrac{2}{5}x+\dfrac{3}{5} \qquad 5x^2+2x-3=0$$

解の公式より，$x=\dfrac{-2\pm\sqrt{4+60}}{10}=\dfrac{-2\pm8}{10}$

$$x=\dfrac{3}{5},\ -1$$

よって，点 D の x 座標は，$\dfrac{3}{5}$ である。

(3) 点 A，D からそれぞれ x 軸へ垂線 AA′，DD′ をひくと，

$$\begin{aligned}
\mathrm{CD:CA}&=\mathrm{CD':CA'}\\
&=\left(\dfrac{3}{2}-\dfrac{3}{5}\right):\left\{\dfrac{3}{2}-(-1)\right\}\\
&=9:25 \quad\cdots\text{①}
\end{aligned}$$

$$\begin{aligned}
\triangle\mathrm{CQD}:\triangle\mathrm{CPA}&=(\mathrm{CQ\times CD}):(\mathrm{CP\times CA})\\
&=1:(1+4)=1:5
\end{aligned}$$

①により，9CQ：25CP＝1：5

$$\dfrac{\mathrm{CQ}}{\mathrm{CP}}=\dfrac{5}{9}$$

よって，CQ：CP＝5：9 だから，

CQ：QP＝5：(9−5)＝5：4

---

117 (1) P$(-1, 1)$, Q$(3, 9)$ (2) 6

(3) 40π (4) $\dfrac{241}{25}\pi$

解説 (1) 点 P, Q の座標は，

$$x^2=2x+3 \qquad (x-3)(x+1)=0$$
$$x=3,\ -1$$

より，P$(-1, 1)$, Q$(3, 9)$

(2) 直線 $y=2x+3$ と y 軸の交点を R とおくと，R$(0, 3)$

$$\begin{aligned}
\triangle\mathrm{OPQ}&=\triangle\mathrm{OPR}+\triangle\mathrm{OQR}\\
&=\dfrac{1}{2}\times3\times1+\dfrac{1}{2}\times3\times3\\
&=\dfrac{12}{2}=6
\end{aligned}$$

(3) 点 Q と y 軸に関して対称な点を Q′，直線 $y=2x+3$，$y=-2x+3$ と x 軸との交点をそれぞれ A，B とおくと，A$\left(-\dfrac{3}{2}, 0\right)$，B$\left(\dfrac{3}{2}, 0\right)$ である。

点 Q から x 軸に下ろした垂線の足を H とおくと，求める体積は，

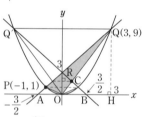

（△AHQ を回転させた円錐）
−（△PAO を回転させた円錐）
−（△OHQ を回転させた円錐）

$$=\dfrac{1}{3}\times\pi\times9^2\times\left\{3-\left(-\dfrac{3}{2}\right)\right\}$$

$$-\dfrac{1}{3}\times\pi\times1^2\times\dfrac{3}{2}-\dfrac{1}{3}\times\pi\times9^2\times3$$

$$=40\pi$$

(4) 直線 OQ：$y=3x$ と直線 BQ′：$y=-2x+3$ との交点を C とおくと，C$\left(\dfrac{3}{5},\ \dfrac{9}{5}\right)$

求める立体の体積は，△OPR と △OQQ′ をそれぞれ回転させてできる立体の体積の和から，△OCR と △RQQ′ を回転させてできる立体の体積をひいた値に等しい。

$$\left(\dfrac{1}{3}\times\pi\times1^2\times3+\dfrac{1}{3}\times\pi\times3^2\times9\right)$$

$$-\left\{\dfrac{1}{3}\times\pi\times\left(\dfrac{3}{5}\right)^2\times3+\dfrac{1}{3}\times\pi\times3^2\times6\right\}$$

$$=\dfrac{241}{25}\pi$$

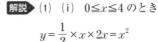
---

118 (1) $y = 2x - 15$

(2) $(-1, \ -1)$, $(-1 + 4\sqrt{2}, \ -33 + 8\sqrt{2})$,

$(-1 - 4\sqrt{2}, \ -33 - 8\sqrt{2})$

解説 (1) 求める直線の式は,

$$y = \frac{-9 - (-25)}{3 - (-5)}(x - 3) - 9$$

すなわち, $y = 2x - 15$

(2) 点Cを通り,
直線ABに平行
な直線の方程式
は,

$y = 2(x - 2) + 5$
すなわち,
$y = 2x + 1$ …①
①と $y = -x^2$ の
交点を求めれば,
それが求める点Pである。

$$-x^2 = 2x + 1$$
$$x^2 + 2x + 1 = 0$$
$$(x + 1)^2 = 0$$
$$x = -1$$

このとき, $y = -1$ P$(-1, \ -1)$

また, ①と直線ABの y 切片を考えると, ①と
直線ABに関して対称な直線の y 切片は,
$-15 - 16 = -31$ であることがわかる。$y = 2x - 31$
と $y = -x^2$ との交点を求めると, それらも求める
点Pである。

$$-x^2 = 2x - 31$$
$$x = -1 \pm 4\sqrt{2}$$

$x = -1 + 4\sqrt{2}$ のとき,

$$y = 2(-1 + 4\sqrt{2}) - 31 = -33 + 8\sqrt{2}$$

$x = -1 - 4\sqrt{2}$ のとき,

$$y = 2(-1 - 4\sqrt{2}) - 31 = -33 - 8\sqrt{2}$$

---

119 (1) $0 \leqq x \leqq 4$ のとき

$y = x^2$

$4 \leqq x \leqq 8$ のとき

$y = 4x$

$8 \leqq x \leqq 12$ のとき

$y = -8x + 96$

(2) $y = x^2 - 20x + 96$

(3) $x = \dfrac{21}{4}, \ \dfrac{75}{8}, \ 15$

解説 (1) (i) $0 \leqq x \leqq 4$ のとき

$$y = \frac{1}{2} \times x \times 2x = x^2$$

(ii) $4 \leqq x \leqq 8$ のとき

$$y = \frac{1}{2} \times x \times 8 = 4x$$

(iii) $8 \leqq x \leqq 12$ のとき

$$y = \frac{1}{2} \times (24 - 2x) \times 8$$
$$= -8x + 96$$

(i)〜(iii)をグラフに表せばよい。

(2) $12 \leqq x \leqq 16$ のとき

$$y = \frac{1}{2}(2x - 24)(x - 8)$$
$$= x^2 - 20x + 96$$

(3) グラフより, $4 \leqq x \leqq 8$, $8 \leqq x \leqq 12$,
$12 \leqq x \leqq 16$ の間で各1回ずつ $y = 21$ となる。

$4 \leqq x \leqq 8$ のとき, $4x = 21$

$$x = \frac{21}{4} \ (4 \leqq x \leqq 8 \ をみたす)$$

$8 \leqq x \leqq 12$ のとき, $-8x + 96 = 21$

$$x = \frac{75}{8} \ (8 \leqq x \leqq 12 \ をみたす)$$

$12 \leqq x \leqq 16$ のとき, $x^2 - 20x + 96 = 21$

$$(x - 5)(x - 15) = 0$$
$$x = 5, \ 15$$

$12 \leqq x \leqq 16$ より, $x = 15$

以上より, $x = \dfrac{21}{4}, \ \dfrac{75}{8}, \ 15$

---

120 (1) R$(-6, \ 9)$ (2) 30

(3) $y = 2x + 1$ (4) 1

解説 (1) 点Pは, x 座標が4で, $y = \dfrac{1}{4}x^2$ …①

上の点であるから, $y = \dfrac{1}{4} \times 4^2 = 4$

したがって, P$(4, \ 4)$

また, 直線 ℓ の式は, 傾きが $-\dfrac{1}{2}$ でP$(4, \ 4)$ を

通るので, $y = -\dfrac{1}{2}(x - 4) + 4$

したがって, $y = -\dfrac{1}{2}x + 6$ …②

点Rは放物線Cと直線 ℓ の交点である。

①，②より，

$$\frac{1}{4}x^2 = -\frac{1}{2}x+6$$
$$x^2 = -2x+24$$
$$x^2+2x-24=0$$
$$(x+6)(x-4)=0$$
$$x=-6,\ 4$$

$\underline{x=-6\ \text{より，}\ y=9}$
└ $x=4$ は点 P の座標

よって，R$(-6,\ 9)$

(2) 点 Q は直線 ℓ の切片なので，y 座標は 6 である。
ゆえに，△OQP，△OQR の底辺をそれぞれ線分 OQ とすると，OQ$=6$ である。
また，点 P，点 R の x 座標はそれぞれ 4，-6 であるから，△OQP，△OQR の高さはそれぞれ 4，6 である。
△OPR$=$△OQP$+$△OQR より，

$$=\frac{1}{2}\times6\times4+\frac{1}{2}\times6\times6$$
$$=30$$

(3) 線分 PQ の垂直二等分線は，線分 PQ の中点を通り，傾きが 2 の直線のグラフである。
└ 直線 $\ell : y=-\frac{1}{2}x+6$ に垂直な直線なので，

直線の垂直条件より，$-\frac{1}{2}\times2=-1$

線分 PQ の中点を M とすると，

M$\left(\dfrac{4+0}{2},\ \dfrac{4+6}{2}\right)$ より，M$(2,\ 5)$

求める式は，傾きが 2 で，M$(2,\ 5)$ を通るので，
$$y=2(x-2)+5$$
よって，$y=2x+1$

(4)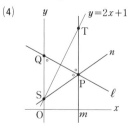

上の図のように，直線 ℓ を対称の軸としたときの，S と対称な点を T とすると，
$$\angle SPQ = \angle TPQ \quad \cdots③$$
また，直線 m と y 軸は平行で，平行線の錯角は等しいので，$\angle SQP = \angle TPQ \quad \cdots④$
③，④より，
$$\angle SPQ = \angle SQP$$
つまり，△SPQ は，SP$=$SQ の二等辺三角形であり，(3)で求めた線分 PQ の垂直二等分線が直線

ST となる。
よって，点 S は $y=2x+1$ の切片なので，y 座標は 1 である。

121 (1) A$(-6,\ 12)$　(2) P$(3,\ 3)$，R$(0,\ 6)$
　　　(3) $1:4$　(4) S$\left(\dfrac{3}{2},\ 3\right)$

解説 (1) $y=\dfrac{1}{3}x^2$ のグラフと直線 $y=2x$ の交点 B は，

$$\frac{1}{3}x^2=2x$$
$$x^2-6x=0$$
$$x(x-6)=0\ \text{より，}$$
$$x=0,\ 6$$

よって，B$(6,\ 12)$
点 A は点 B$(6,\ 12)$ と y 軸に関して対称であるから，A$(-6,\ 12)$
└ x 座標の符号が逆になる

(2) 直線 AP の傾きは負であり，AQ$=$PQ であることから -1 とわかる。
よって，直線 AP は，
$$y=-\{x-(-6)\}+12$$
ゆえに，$y=-x+6$
線分 AP と y 軸との交点 R の座標は，$y=-x+6$ のグラフの切片だから，R$(0,\ 6)$ となる。

$y=\dfrac{1}{3}x^2$ のグラフと直線 $y=-x+6$ の交点 P は，

$$\frac{1}{3}x^2=-x+6$$
$$x^2+3x-18=0$$
$$(x+6)(x-3)=0\ \text{より，}$$
$$x=-6,\ 3$$

よって，点 P の x 座標は 3，
y 座標は，$y=-3+6=3$
であるから，点 P の座標は P$(3,\ 3)$ となる。

(3) A$(-6,\ 12)$ なので，Q$(3,\ 12)$ となる。
△PQR と △PBA の面積は

$$△PQR=\frac{1}{2}\times(12-3)\times3=\frac{1}{2}\times9\times3=\frac{27}{2}$$

$$△PBA=\frac{1}{2}\times\{6-(-6)\}\times(12-3)$$

$$= \frac{1}{2} \times 12 \times 9 = 54$$

したがって,

$$\triangle PQR : \triangle PBA = \frac{27}{2} : 54 = 1 : 4$$

(4) 点 S の座標を $(s,\ 2s)$ $(0 \leqq s \leqq 6)$ とおくと,
└─線分 OB 上にある

$\triangle BQS$ の面積は,底辺を BQ とすると,高さは
$12 - 2s$ であるから,
└─(点 Q の y 座標)−(点 S の y 座標)

$$\triangle BQS = \frac{1}{2} \times (6-3) \times (12-2s) = 18 - 3s$$

$\triangle BQS = \triangle PQR$ より

$$18 - 3s = \frac{27}{2}$$

よって,$3s = \frac{9}{2}$

$$s = \frac{3}{2}$$

$0 \leqq s \leqq 6$ をみたすから,点 S の座標は

$$S\left(\frac{3}{2},\ 3\right)$$

---

122 (1) $A\left(\frac{1}{4},\ \frac{1}{16}\right),\ C\left(\frac{9}{4},\ \frac{81}{16}\right)$

(2) $B\left(\frac{5}{2},\ \frac{7}{2}\right),\ D\left(0,\ \frac{13}{8}\right)$

(3) $-\frac{17}{2}$

解説 (1) 点 A,C は放物線 $y = x^2$ と直線

$y = \frac{5}{2}x - \frac{9}{16}$ との交点なので,2 式を連立して,

$$x^2 = \frac{5}{2}x - \frac{9}{16}$$

$$x^2 - \frac{5}{2}x + \frac{9}{16} = 0$$

$$16x^2 - 40x + 9 = 0$$

$$x = \frac{-(-40) \pm \sqrt{(-40)^2 - 4 \times 16 \times 9}}{2 \times 16}$$ ←解の公式

$$x = \frac{1}{4},\ \frac{9}{4}$$

$y = x^2$ より,$y = \frac{1}{16},\ \frac{81}{16}$

よって,$A\left(\frac{1}{4},\ \frac{1}{16}\right),\ C\left(\frac{9}{4},\ \frac{81}{16}\right)$

(2) $B\left(a,\ \frac{7}{2}\right),\ D(0,\ b)$ とおく。

平行四辺形の対角線 BD と AC は,それぞれの中点で交わる。

BD の中点 $\left(\frac{a+0}{2},\ \frac{\frac{7}{2}+b}{2}\right)$

AC の中点 $\left(\frac{\frac{1}{4}+\frac{9}{4}}{2},\ \frac{\frac{1}{16}+\frac{81}{16}}{2}\right)$

2 点の x 座標は等しいことから,

$$a + 0 = \frac{1}{4} + \frac{9}{4}$$

$$a = \frac{5}{2}$$

また,2 点の y 座標は等しいことから,

$$\frac{7}{2} + b = \frac{1}{16} + \frac{81}{16}$$

$$b = \frac{13}{8}$$

したがって,$B\left(\frac{5}{2},\ \frac{7}{2}\right),\ D\left(0,\ \frac{13}{8}\right)$

(3) 四角形 ABCD は平行四辺形なので,その面積は $\triangle ADC$ を 2 倍したものに等しい。
└─平行四辺形の対角線は,面積を等分する

よって,$\triangle ADC$ と面積が等しくなるような $\triangle DAP$ を見つければよい。

また,直線 BC と AD は平行なので,線分 AD を底辺としたとき,線分 BC 上に頂点をもつ三角形は $\triangle ADC$ の面積と等しくなる。
└─底辺の長さと高さが等しければ,三角形の面積は等しい

したがって点 P は,$y = x^2$ と直線 BC との交点である。

直線 BC は点 $B\left(\frac{5}{2},\ \frac{7}{2}\right)$,$C\left(\frac{9}{4},\ \frac{81}{16}\right)$ を通るから,

$$y = \frac{\frac{81}{16} - \frac{7}{2}}{\frac{9}{4} - \frac{5}{2}}\left(x - \frac{5}{2}\right) + \frac{7}{2}$$

$$y = \frac{81 - 56}{36 - 40}\left(x - \frac{5}{2}\right) + \frac{7}{2}$$

したがって,$y = -\frac{25}{4}x + \frac{153}{8}$

これと $y = x^2$ を連立させて,

$$-\frac{25}{4}x + \frac{153}{8} = x^2$$

$$x^2 + \frac{25}{4}x - \frac{153}{8} = 0$$

$$8x^2 + 50x - 153 = 0$$

$$x = \frac{-50 \pm \sqrt{50^2 - 4 \times 8 \times (-153)}}{2 \times 8}$$ ←解の公式

$$x = \frac{9}{4},\ -\frac{17}{2}$$

$\dfrac{9}{4}$ は点 C の x 座標なので,

点 P の x 座標は $-\dfrac{17}{2}$

なお,点 A に関して点 C と対称な点を C′ とする
とき,点 C′ を通り直線 BC と平行な直線を ℓ と
するとき,直線 ℓ 上に点 P があるときも
△DAP＝△ADC となるが,ℓ と放物線 $y=x^2$ と
の交点はない。

---

123 (1) $y=ax-3a+27$

(2) $S=\dfrac{(a-9)(a-18)}{2}$　(3) $T=\dfrac{9}{2}a$

解説 (1) 点 A の x 座標は -3 より,

放物線 $y=3x^2$ 上の点だから,

$y=3\times(-3)^2=27$

A$(-3,\ 27)$,

また,点 B は点 A と y 軸について対称な点だか
ら,B$(3,\ 27)$ である。

よって,直線 BC は,

$y=a(x-3)+27$

$y=ax-3a+27$　…①

(2) 点 B と点 C は,放物線 $y=3x^2$ と①との交点で
あるから,

$3x^2=ax-3a+27$

$\underset{\substack{\llcorner x^2\text{の係数を1にするため（両辺）}\div3}}{3x^2-ax+3a-27=0}$

$\underset{\substack{}}{x^2-\dfrac{a}{3}x+a-9=0}$

$\left(x-3\right)\left(x-\dfrac{a-9}{3}\right)=0$
$\underset{\substack{\llcorner \text{点Bの}x\text{座標}\quad \llcorner(-3)\text{をかけて}a-9\text{に}\\ \text{が3であること}\quad\text{なるものを考える}\\ \text{から分かる}}}{}$

$x=3,\ \underset{\substack{\llcorner\text{点Cの}x\text{座標}}}{\dfrac{a-9}{3}}$

$S=\dfrac{1}{2}\times\underset{\substack{\llcorner\text{底辺（直線}\\ \text{BC の切片）}}}{(-3a+27)}\times\underset{\substack{\llcorner\text{高さ}}}{\left(0-\dfrac{a-9}{3}\right)}$

$\quad+\dfrac{1}{2}\times\underset{\substack{\llcorner\text{底辺（直線}\\ \text{BC の切片）}}}{(-3a+27)}\times\underset{\substack{\llcorner\text{高さ}}}{3}$

$=\dfrac{(a-9)^2}{2}-\dfrac{9(a-9)}{2}=\dfrac{(a-9)(a-18)}{2}$

(3) 右の図のように,面
積を X と Y とする。
直線 BC は放物線
$y=3x^2$ と直線 AB と
で囲まれた部分の面積
を 2 等分しているので,
$T+Y=X+Y$ である。
$\underset{\substack{\llcorner\text{左右対称なので面積は囲まれた部分の半分}}}{}$

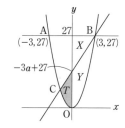

つまり,$T=X$ となるから,X の三角形の面積を
求めればよい。

$T=\dfrac{1}{2}\times\underset{\substack{\llcorner\text{点Bの}x\text{座標}}}{\left|27-(-3a+27)\right|}\times3$

$\quad=\dfrac{9}{2}a$

⁄ 得点アップ

中学校で習う,x^2 の係数が 1 でないときの
因数分解の方法としては,3 パターンある。

① x^2 の係数でくくる

（例） $2x^2-2x-6=2(x^2-x-3)$

$\qquad2x^2-2x-4=2(x^2-x-2)$

$\qquad\qquad\qquad=2(x+1)(x-2)$

② $(ax+b)^2$ の形になる

（例） $4x^2-12x+9=(2x-3)^2$

③ $(ax+b)(ax-b)$ の形になる

（例） $16x^2-9=(4x+3)(4x-3)$

まずは①を考えて,不可能であれば,②,③
を考えればよい。基本的に $(ax+b)(cx+d)$ の
形の因数分解は高校の範囲になるので,出題は
まずされない。

ただ,(2)の問題は,文字も入り少し複雑にな
っているが,パターン①となる。点 B の x 座
標が,$x=3$ であることから,$(x-3)$ とわかる
ので,$\left(x-\dfrac{a-9}{3}\right)$ を考えればよい。

また,右の図のように,面
積 $X=$ 面積 Y のとき,共通部分
を A として,$X+A=Y+A$
（長方形＝四分円）となること
もあわせて覚えておこう。

---

124 (1) $y=-\dfrac{3}{2}x+5$　(2) $\left(-5,\ \dfrac{25}{2}\right)$

(3) -3　(4) -1　(5) $7:12$

解説 (1) 点 A の座標は $(2,\ 2)$ で切片が 5 なので,

直線の式を $y = ax + 5$ とおくと，

$$2 = 2a + 5$$

これを解いて，$a = -\dfrac{3}{2}$

よって，$y = -\dfrac{3}{2}x + 5$

(2) $y = \dfrac{1}{2}x^2$ と直線 ℓ の交点なので，

$$\frac{1}{2}x^2 = -\frac{3}{2}x + 5$$
$$x^2 + 3x - 10 = 0$$
$$(x + 5)(x - 2) = 0$$
$$x = -5,\ 2$$

$x < 0$ より，$x = -5$

よって，点 C の座標は $\left(-5,\ \dfrac{25}{2}\right)$

(3) AC // BP なので，AB // CP となればよい。
　　└─ 平行四辺形の定義

A$(2,\ 2)$，B$(4,\ 8)$ であり，点 A から点 B へは，x 軸方向に $+2$，y 軸方向に $+6$ 進んでいるので，

C$\left(-5,\ \dfrac{25}{2}\right)$ から点 P へも同じだけ平行移動すれ

ばよい。つまり，点 P の座標は，

$$\left(-5 + 2,\ \frac{25}{2} + 6\right) = \left(-3,\ \frac{37}{2}\right)$$

よって，点 P の x 座標は -3 である。

(4) 図1のように，y 軸と直線 AC，BP との交点
をそれぞれ X，Y とおく。台形 ABYX と台形
CXYP の高さは等しいので，面積が等しくなる
ためには，

$$AX + BY = CX + PY であればよい。$$

また，$AX : BY : CX = 2 : 4 : 5$ なので，
　　└─ x 座標の絶対値の比と等しい

図1

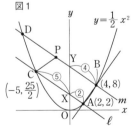

$AX = 2k$ とおくと，$BY = 4k$，$CX = 5k$

$$AX + BY = CX + PY より，$$
$$2k + 4k = 5k + PY$$
$$PY = k$$

つまり，$AX : PY = 2k : k = 2 : 1$ であればよい。
点 A の x 座標は 2 なので，点 P の x 座標は -1
である。

(5)

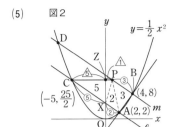

図2のように，y 軸と直線 PC との交点を Z とす
る。

$$\triangle PAB : 四角形 ABPC = \frac{3}{10} : 1 = 3 : 10$$

$\triangle PAB$ と四角形 ABPC の高さは等しいので，面
積の比と底辺の長さの比は等しいから，

$$\triangle PAB : 四角形 ABPC = BP : (AC + BP)$$
$$3 : 10 = BP : (AC + BP)$$
$$10BP = 3(AC + BP)$$
$$7BP = 3AC$$
$$BP = \frac{3}{7}AC$$

点 A の x 座標が 2，点 C の x 座標が -5 より，

$$AC = |2 - (-5)| = 7k と表すとすると，$$

$$BP = \frac{3}{7}AC = \frac{3}{7} \times 7k = 3k となる。$$

また，点 B の x 座標が 4 だから，
点 P の x 座標は，$4 - 3 = 1$ とわかる。

つまり，$CX : AX : BP = 5 : 2 : 3$ より，

$$\triangle CXP : \triangle AXP : \triangle ABP = 5 : 2 : 3$$

$\triangle CXP = 5\ell$ とおくと，$\triangle AXP = 2\ell$，$\triangle ABP = 3\ell$

$CZ : PZ = 5 : 1$ より，

$$\triangle CXZ : \triangle PXZ = 5 : 1 なので，$$

$$\triangle CXZ = 5\ell \times \frac{5}{5 + 1} = \frac{25}{6}\ell$$

$$\triangle PXZ = 5\ell \times \frac{1}{5 + 1} = \frac{5}{6}\ell$$

したがって，

$$S = \triangle AXP + \triangle ABP + \triangle PXZ$$

$$= 2\ell + 3\ell + \frac{5}{6}\ell = \frac{35}{6}\ell$$

$$T = \triangle AXP + \triangle ABP + \triangle CXP$$

$$= 2\ell + 3\ell + 5\ell = 10\ell$$

よって，

$$S : T = \frac{35}{6}\ell : 10\ell = 35 : 60 = 7 : 12$$

5 図形の相似

125 (1) △A′B′C′ の △ABC に対する相似比

$$4:3 \text{ または } \frac{4}{3}$$

△A″B″C″ の △ABC に対する相似比

$$5:3 \text{ または } \frac{5}{3}$$

(2) ∠B=75°, ∠C=35°

∠A′=70°, ∠B′=75°, ∠C′=35°

∠A″=70°, ∠B″=75°

B′C′=6.5, C′A′=6.7

B″C″=8.2, C″A″=8.3

（辺の長さは小数第 2 位を四捨五入）

126 (1)

(2)

(3)

(4)

127 (1) (ⅰ) AB：DE＝BC：EF ← 2 組の辺の比とその間の角がそれぞれ等しい

(ⅱ) ∠C＝∠F ┐

(ⅲ) ∠A＝∠D ┘ 2 組の角がそれぞれ等しい

のいずれか。

(2) (ⅰ) AB：DE＝BC：EF ┐

(ⅱ) AB：DE＝AC：DF ┘ 3 組の辺の比がそれぞれ等しい

(ⅲ) ∠C＝∠F ← 2 組の辺の比とその間の角がそれぞれ等しい

のいずれか。

128 (1) 相似比 3：2 $\left(\text{または } \frac{3}{2}\right)$, $x=\frac{8}{3}$

(2) 相似比 4：3 $\left(\text{または } \frac{4}{3}\right)$, 8 cm

解説 (1) $x=\mathrm{DF}=\frac{2}{3}×\mathrm{AC}=\frac{2}{3}×4=\frac{8}{3}$

129 (1) 9 cm (2) 2 cm

解説 (1) △ABC∽△AED より,

AB：AE＝AC：AD

AB：3＝(3＋3)：2

2AB＝18

AB＝9

130 (1) ① [証明] 2 点 A′, C を通る直線と m との交点を M とすると

ℓ∥m だから

$$\frac{\mathrm{AB}}{\mathrm{BC}}=\frac{\mathrm{A′M}}{\mathrm{MC}},$$

m∥n だから, $\frac{\mathrm{A′M}}{\mathrm{MC}}=\frac{\mathrm{A′B′}}{\mathrm{B′C′}}$

ゆえに, $\frac{\mathrm{AB}}{\mathrm{BC}}=\frac{\mathrm{A′B′}}{\mathrm{B′C′}}$

② [証明] ①で求めた式の両辺に

$\frac{\mathrm{BC}}{\mathrm{A′B′}}$ をかけて

$$\frac{\mathrm{AB}}{\mathrm{BC}}\cdot\frac{\mathrm{BC}}{\mathrm{A′B′}}=\frac{\mathrm{A′B′}}{\mathrm{B′C′}}\cdot\frac{\mathrm{BC}}{\mathrm{A′B′}},$$

$$\frac{\mathrm{AB}}{\mathrm{A′B′}}=\frac{\mathrm{BC}}{\mathrm{B′C′}}$$

(2) ① $x=4$ ② $x=15$

解説 (2) ① 6：x＝9：6 より, $x=4$

② 右の図で，

2：y＝3：6 より，

　　y＝4

3：x＝2：(4＋6) より，

　　x＝15

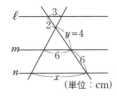

（単位：cm）

---

131 **9cm**

解説 △ADE∽△ABC より，

　AD：AB＝6：(6＋4)

　　　　　＝6：10

　　　　　＝3：5 ←相似比

だから，DE＝BC×$\dfrac{3}{5}$＝15×$\dfrac{3}{5}$＝9

---

132 (1) [証明] 点 M を通り，辺 AC と平行な直線をひき，辺 BC との交点を L とする。

△AMN と △MBL で

　AM＝MB(条件より)

MN∥BC だから

　∠AMN＝∠MBL(同位角)

ML∥AC だから

　∠MAN＝∠BML(同位角)

1 組の辺とその両端の角がそれぞれ等しいから，

　△AMN≡△MBL

よって，AN＝ML …①

MN∥LC，ML∥NC だから四角形 MLCN は平行四辺形　ゆえに

　ML＝NC …②

①，②より，AN＝NC

ゆえに，点 N は辺 AC の中点

(2) ① [証明] 2 点 M，N はそれぞれ辺 AB，AC の中点だから，

　　$\dfrac{AM}{MB}＝\dfrac{AN}{NC}(＝1)$

よって，MN∥BC である。

② [証明] $\dfrac{AM}{AB}＝\dfrac{AN}{AC}＝\dfrac{1}{2}$，

MN∥BC より，

　　$\dfrac{MN}{BC}＝\dfrac{AM}{AB}＝\dfrac{1}{2}$

ゆえに，MN＝$\dfrac{1}{2}$BC

(3) [証明] AM＝MC，AL＝LB

ゆえに，中点連結定理より，

　　LM∥BC　LM＝$\dfrac{1}{2}$BC

ゆえに，$\dfrac{BP}{PM}＝\dfrac{BC}{LM}＝\dfrac{BC}{\frac{1}{2}BC}＝2$

ゆえに，BP：PM＝2：1

得点アップ

△ABC の 3 つの中線をひくと 1 点で交わる。これを重心という。重心 G は中線を 2：1 に内分する。

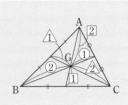

---

133 **4cm**

解説 △ABC において，

中点連結定理により，

　DE∥BC

△AFC において，中点連結定理の逆より，

AG＝GF であるから，

中点連結定理より，

　FC＝2GE＝6 (cm)

また，△HGD∽△HFC であるから，

　DG：CF＝HD：HC＝1：3

よって，DG＝$\dfrac{1}{3}$CF＝$\dfrac{1}{3}$×6＝2 (cm)

△ABF において，中点連結定理の逆より，

　AG＝GF

よって，中点連結定理により，

　BF＝2DG＝4 (cm)

---

134 (1) [証明] △ABD と △DCE において，仮定より △ABC は正三角形であるから，

∠ABD＝∠DCE＝60° …①

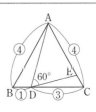

また，

$$\begin{cases} \angle ADC = \angle DAB + \angle ABD \\ \qquad\quad = \angle DAB + 60° \\ \angle ADC = \angle ADE + \angle EDC \\ \qquad\quad = 60° + \angle EDC \end{cases}$$

より，$\angle DAB = \angle EDC$ …②

①，②より，2組の角がそれぞれ等しいから，△ABD∽△DCE

(2) **39：64**

解説 (2) (1)の △ABD と △DCE の相似比は，

AB：DC＝4：3

であるから，

△ABD：△DCE＝16：9

$$\triangle DCE = \frac{9}{16}\triangle ABD$$

$$\qquad = \frac{9}{16} \times \underbrace{\frac{1}{4}\triangle ABC}_{\llcorner\,\triangle ABD:\triangle ABC=BD:BC}$$
$$\qquad\qquad\qquad\qquad\qquad{}_{=1:4}$$

$$\qquad = \frac{9}{64}\triangle ABC$$

よって，

$$\triangle ADE = \triangle ABC - \underbrace{\frac{1}{4}\triangle ABC}_{\llcorner\,\triangle ABD} - \underbrace{\frac{9}{64}\triangle ABC}_{\llcorner\,\triangle DCE}$$

$$\qquad = \frac{39}{64}\triangle ABC$$

---

135 (1) **3 cm** (2) ① **1：26** ② **416π cm³**

解説 (1) 点 A から
辺 BC に垂線 AH
をひくと，

AH＝CD＝6 (cm)

CH＝AD＝4 (cm)

よって，

BH＝12－4＝8 (cm)

△ABH∽△EAD より，

$$DE = \frac{1}{2}AH = 3 \text{ (cm)}\ \ \leftarrow\text{相似比 2：1}$$

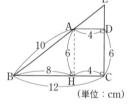

(単位：cm)

(2) ① △EAD を線分 ED を軸として 1 回転させ
てできる立体と，△EBC を辺 EC を軸として 1
回転させてできる立体は相似であり，相似比は，

ED：EC＝3：(3+6)＝1：3

よって，その体積比は，1：27 であるから，

$V_1：(V_1 + V_2)＝1：27$

$V_1 + V_2 ＝ 27V_1$

$V_2 ＝ 26V_1$

したがって，$V_1：V_2 ＝ 1：26$

② $V_1 = \frac{1}{3} \times \pi \times 4^2 \times 3 = 16\pi$ (cm³)

①より，$V_2 = 26 \times 16\pi = 416\pi$ (cm³)

---

136 (1) $\dfrac{20}{7}$ **cm²** (2) $\dfrac{54}{49}$ **cm²**

(3) ① **3：2** ② **20 倍**

解説 (1) AB∥CD であるから，

△ECD∽△EAB

よって，ED：EB＝CD：AB＝2：5

したがって，

$$\triangle BCE = \triangle DBC \times \frac{5}{5+2}$$

$$\qquad = \left(\frac{1}{2} \times 2 \times 4\right) \times \frac{5}{7}$$

$$\qquad = \frac{20}{7} \text{ (cm}^2)$$

(2) 正方形 APQR の1辺の長さを x cm とおく。

△BAC∽△BPQ より，

AB：AC＝PB：PQ

3：4＝(3－x)：x

4(3－x)＝3x $x = \dfrac{12}{7}$

したがって，

$PB = 3 - \dfrac{12}{7} = \dfrac{9}{7}$，$PQ = \dfrac{12}{7}$ （単位：cm）

であるから，

$$\triangle BPQ = \frac{1}{2} \times \frac{9}{7} \times \frac{12}{7} = \frac{54}{49} \text{ (cm}^2)$$

(3) ① △ADF∽△CEF
であるから，

DF：EF

＝AD：CE

＝(1+2)：2

＝3：2

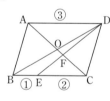

② △ADF∽△CEF より，

AF：CF＝3：2＝6：4 ┐

また，平行四辺形の性質により， │ 合わせて同じ
                                    │ 10 にする
AO：CO＝1：1＝5：5 ┘

よって，

AO：OF：FC＝5：(6－5)：4

$\qquad\qquad\qquad = 5：1：4$

したがって，△ACD＝10△DOF

平行四辺形 ABCD＝2△ACD＝2×10△DOF

$\qquad\qquad\qquad\qquad = 20△DOF$

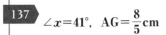

$\angle x = 41°$, $AG = \dfrac{8}{5}$ cm

解説 点 E を通り，辺
AD に平行な直線をひ
くと，平行線の錯角は
等しいので，

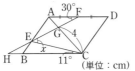

$\angle x = 30° + 11° = 41°$

直線 FE と直線 BC の交点を H とおくと，

$\triangle EFA \backsim \triangle EHB$ より，

$AF : BH = EA : EB$

$\qquad = 2 : 1$

$\triangle GFA \backsim \triangle GHC$ より，

$AG : CG = AF : CH$

$\qquad = AF : (HB + BC)$

$\qquad = AF : \left(\dfrac{1}{2}AF + 2AF\right)$

$\qquad = AF : \dfrac{5}{2}AF = 2 : 5$

したがって，CG = 4 cm より，

$AG : 4 = 2 : 5$

$AG = \dfrac{8}{5}$ (cm)

---

138 $\dfrac{1}{6}$ 倍

解説

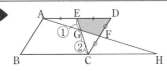

直線 AF と直線 BC の交点を H とおく。

$\triangle FDA \equiv \triangle FCH$（1辺とその両端の角）

└─1組の辺とその両端の角がそれぞれ等しい

$\triangle GEA \backsim \triangle GCH$（二角相等）

└─2組の角がそれぞれ等しい

である。
よって，

$DF : CF = 1 : 1$，$EG : CG = 1 : 2$

よって，

$\triangle GCF = \dfrac{1}{2} \times \dfrac{2}{3}\triangle CDE = \dfrac{1}{3}\triangle CDE$

（四角形 DEGF）$= \left(1 - \dfrac{1}{3}\right)\triangle CDE = \dfrac{2}{3}\triangle CDE$

$\triangle CDE = \dfrac{1}{4}$（四角形 ABCD）

したがって，

（四角形 DEGF）$= \dfrac{2}{3} \times \dfrac{1}{4}$（四角形 ABCD）

$\qquad = \dfrac{1}{6}$（四角形 ABCD）

---

139 (1) [証明] $\triangle BCD$ と $\triangle BEF$ において，
共通な角より，$\angle DBC = \angle FBE$

$\qquad\qquad\qquad\qquad\qquad$ …①

$CD /\!/ EF$ より，
同位角が等しいので，
$\angle BCD = \angle BEF$ …②
①，②より，2つの角がそれぞれ等
しいので，
$\qquad \triangle BCD \backsim \triangle BEF$

(2) **3 : 2**

(3) **12 : 1**

解説 (2) 仮定より，$\angle ADC = \angle EDC$ …①

$CD /\!/ EF$ より，

同位角が等しいので，$\angle DFE = \angle ADC$ …②

錯角が等しいので，$\angle DEF = \angle EDC$ …③

①～③より，$\angle DFE = \angle DEF$

よって，$\triangle DFE$ は二等辺三角形なので，

$DF = DE = 2$

点 D は辺 AB の中点なので，$DB = \dfrac{6}{2} = 3$

$BF = DB - DF = 3 - 2 = 1$

$\triangle BCD \backsim \triangle BEF$ より，

$BC : BE = BD : BF = 3 : 1$

よって，$BC : EC = 3 : (3-1) = 3 : 2$

(3)

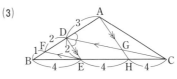

上の図で，$DE /\!/ AH$ より，

$BE : EH = BD : DA$

$4 : EH = 3 : 3$

$EH = 4$

$HC = BC - BH = 4 \times 3 - (4+4) = 4$

$GH /\!/ DE$ より，$\triangle CGH \backsim \triangle CDE$ で，

相似比は，$CH : CE = 4 : 8$

$\qquad\qquad\qquad = 1 : 2$ となり，

面積比は，

$\triangle CGH : \triangle CDE = 1^2 : 2^2 = 1 : 4$

また，

$$\triangle CDE : \triangle CDB = EC : BC = 8 : 12 = 4 : 6$$
$$\triangle CDB : \triangle ABC = DB : AB = 3 : 6 = 6 : 12$$

よって，$\triangle ABC : \triangle CGH = 12 : 1$

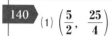

140 (1) $\left(\dfrac{5}{2},\ \dfrac{25}{4}\right)$　　(2) $2 : 7$

　　(3) $y = \dfrac{29}{8}x + \dfrac{45}{4}$

解説 (1) 点 D$(0,\ 4)$ をと

る。直線 AB と y 軸との

交点を E とおくと，

　$\triangle ADE \backsim \triangle ODA$

であるから，

　AD : DE = OD : DA

　　　　 $= 4 : 2 = 2 : 1$

よって，AD $= 2$ であるから，DE $= 1$

したがって，E$(0,\ 5)$

2 点 A$(-2,\ 4)$，E$(0,\ 5)$ を通る直線の方程式は，

$y = \dfrac{5-4}{0-(-2)}x + 5$　　すなわち，$y = \dfrac{1}{2}x + 5$

点 B の x 座標は，$x^2 = \dfrac{1}{2}x + 5$ の解であるから，

$2x^2 - x - 10 = 0$

解の公式より，$x = \dfrac{1 \pm \sqrt{1+80}}{4} = \dfrac{1 \pm 9}{4}$

$x = \dfrac{5}{2},\ -2$

よって，点 B の x 座標は正であるから，$\dfrac{5}{2}$

B$\left(\dfrac{5}{2},\ \dfrac{25}{4}\right)$

(2) OA$\perp$AB，AB$\perp$BC より，OA∥BC

よって，直線 BC の傾きは，-2 である。

点 B を通り，傾き -2

の直線の方程式は，

$y = -2\left(x - \dfrac{5}{2}\right) + \dfrac{25}{4}$

すなわち，

$y = -2x + \dfrac{45}{4}$

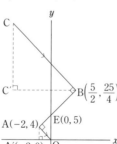

　$\triangle BCC' \backsim \triangle OAA'$

より，点 C と C' の x

座標を c とおくと，

BC' : CC' = OA' : AA'

$\left(\dfrac{5}{2} - c\right) : \left(c^2 - \dfrac{25}{4}\right) = 2 : 4$

$$2c^2 - \dfrac{25}{2} = 10 - 4c　　　4c^2 - 8c - 45 = 0$$

解の公式より，$x = \dfrac{-8 \pm \sqrt{64+720}}{8} = \dfrac{-8 \pm 28}{8}$

　$c = -\dfrac{9}{2},\ \dfrac{5}{2}$

$c < 0$ より，$c = -\dfrac{9}{2}$

したがって，C$\left(-\dfrac{9}{2},\ \dfrac{81}{4}\right)$

　OA : BC = OA' : BC'

　　　 $= 2 : \left\{\dfrac{5}{2} - \left(-\dfrac{9}{2}\right)\right\}$

　　　 $= 2 : 7$

(3) 求める直線と辺 BC との

交点を P とおく。四角形

OBPA は，OA∥CB より，

台形であるから，その面積

は，$\dfrac{1}{2} \times (OA + BP) \times AB$

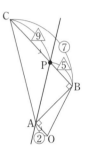

また，$\triangle APC = \dfrac{1}{2} \times PC \times AB$

したがって，（四角形 OBPA）$= \triangle APC$ となるた

めには，OA $+$ BP $=$ PC となればよい。(2)より，

OA : BC $= 2 : 7$ であるから，

　CP : CB $= \dfrac{2+7}{2} : 7 = 9 : 14$

　CP : PB $= 9 : (14-9) = 9 : 5$

ここで，点 C，B の x 座標はそれぞれ，$-\dfrac{9}{2}$，$\dfrac{5}{2}$

であるから，点 P の x 座標は 0 である。

点 P は直線 BC 上の点であるから，

$y = -2 \times 0 + \dfrac{45}{4} = \dfrac{45}{4}$

2 点 A，P を通る直線の方程式は，

$y = \dfrac{4 - \dfrac{45}{4}}{-2 - 0}x + \dfrac{45}{4}$

すなわち，$y = \dfrac{29}{8}x + \dfrac{45}{4}$

---

141 (1) $\dfrac{64}{3}$ cm^3　(2) $1 : 4$　(3) $\dfrac{512}{45}$ cm^3

解説 (1) 求める体積は，

$\dfrac{1}{3} \times \triangle AMN \times AE = \dfrac{1}{3} \times \left(\dfrac{1}{2} \times 4 \times 4\right) \times 8$

　　　　　　 $= \dfrac{64}{3}$ (cm^3)

(2) 点 M を通り，辺 AE に
平行な直線をひき，線分
AL との交点を R とおくと，
△PRM∽△PAE
よって，MP：PE＝MR：EA
　　　　　　　＝2：8
　　　　　　　＝1：4

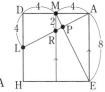

(3) △QNA∽△QEF で相似比
は 1：2 であるから，
$$EQ = \frac{2}{3}EN$$

(2)より，$EP = \frac{4}{5}EM$

よって，$\triangle EPQ = \frac{2 \times 4}{3 \times 5}\triangle EMN$

$$= \frac{8}{15}\triangle EMN$$

よって，
（三角錐 AEPQ）

$=$（三角錐 AEMN）$\times \dfrac{8}{15}$

高さは等しく，底面積が $\dfrac{8}{15}$ 倍

$$= \frac{64}{3} \times \frac{8}{15}$$

$$= \frac{512}{45} \text{ (cm}^3)$$

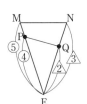

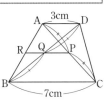

---

142 (1) **2 cm**　(2) $\dfrac{15}{2}$　(3) $\dfrac{26}{5}$ **cm**

解説 (1) 直線 PQ と辺
AB との交点を R とおく。
点 R は辺 AB の中点で
あるから，△ABC にお
いて中点連結定理により，

$$PR = \frac{1}{2}BC = \frac{7}{2} \text{ (cm)}$$

また，△ABD において中点連結定理により，

$$RQ = \frac{1}{2}AD = \frac{3}{2} \text{ (cm)}$$

よって，$PQ = PR - RQ = \dfrac{7}{2} - \dfrac{3}{2} = 2 \text{ (cm)}$

(2) △CDB において，中点連結
定理により，
　　BD∥EF，
　　BD＝2EF＝10
また，△AEF において，中点
連結定理より，点 G は辺 AF の中点であるから，

中点連結定理より，

$$GD = \frac{1}{2}EF = \frac{5}{2}$$

したがって，$BG = 10 - \dfrac{5}{2} = \dfrac{15}{2}$

(3) 点 D を通り，辺 AB
に平行な直線と線分 EF，
辺 BC との交点をそれぞ
れ G，H とおく。
△DGF∽△DHC より，
　GF：HC＝DG：DH
　　　　　＝2：(2+3)
　　　　　＝2：5
BH＝4 cm，HC＝7−4＝3 (cm) であるから，
　GF：3＝2：5
$$GF = \frac{6}{5} \text{ (cm)}$$

よって，$EF = EG + GF = 4 + \dfrac{6}{5}$

$$= \frac{26}{5} \text{ (cm)}$$

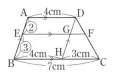

---

143 (1) **2**　(2) **4**　(3) **48**

解説 (1) △GDE において中点連結定理により，

$$IF = \frac{1}{2}DE$$

よって，DE：IF＝2：1

(2) △CAF において中点連結定理により，
　　HG∥AF　…①
$$HG = \frac{1}{2}AF$$

すなわち，AF：HG＝2：1　…②

①より，JF∥HG であるから，△BJF∽△BHG
よって，JF：HG＝BF：BG＝2：3　…③
②より，AF：HG＝2：1＝6：3　…④
　　　　　　　　　　　　　　　←そろえる
③，④より，
　AF：JF：HG＝6：2：3
したがって，
　AJ：IIG（6−2）：3＝4：3

(3) 直線 IF と辺
AB の交点を K
とする。DE∥IF，
すなわち
DE∥KF より，
　△BED∽△BFK
であるから，

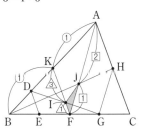

BD : BK = BE : BF
= 1 : 2

すなわち, BD : DK = 1 : 1 …①

また, BD : DA = 1 : 3 …②

①, ②より

BK : KA = (1+1) : (3−1) = 1 : 1 …③

また, DE : KF = 1 : 2 = 2 : 4

(1)より, DE : IF = 2 : 1 ┐そろえる

であるから, IF : KF = 1 : 4 …④

さらに(2)より,

JF : AF = 2 : 6 = 1 : 3 …⑤

③～⑤より

$\triangle JIF = \dfrac{1}{1+3}\triangle JKF = \dfrac{1}{4}\times\dfrac{1}{1+2}\triangle AKF$

$= \dfrac{1}{4}\times\dfrac{1}{3}\times\dfrac{1}{1+1}\triangle ABF$

$= \dfrac{1}{4}\times\dfrac{1}{3}\times\dfrac{1}{2}\times\dfrac{2}{4}\triangle ABC$

$= \dfrac{1}{48}\triangle ABC$

よって, △ABC の面積は △JIF の面積 48 倍である。

---

144 (1) **3 : 2** (2) **3 : 1** (3) $\dfrac{2}{15}S$

(4) $\dfrac{1}{8}S$ (5) **8 : 7 : 5**

解説 (2) △QAB∽△QFD より,

AQ : FQ = AB : FD
= 3 : 1

(3) △PBE : △PDA
$= 2^2 : 3^2 = 4 : 9$

△PDA : △PBA
= PD : PB
= AD : BE
= 3 : 2 ← $\triangle PDA = \dfrac{3}{5}\triangle ABD$

よって, $\triangle PBE = \dfrac{4}{9}\triangle PDA$

$= \dfrac{4}{9}\times\dfrac{3}{5}\triangle ABD$

$= \dfrac{4}{15}\times\dfrac{1}{2}S = \dfrac{2}{15}S$

(4) $\triangle AQD = \dfrac{3}{4}\triangle AFD = \dfrac{3}{4}\times\dfrac{1}{3}\triangle ACD$

$= \dfrac{1}{4}\times\dfrac{1}{2}S = \dfrac{1}{8}S$

---

(5) $\triangle APB = \dfrac{3}{2}\triangle PBE = \dfrac{3}{2}\times\dfrac{2}{15}S = \dfrac{1}{5}S$

$\triangle APQ = \triangle ABD - \triangle APB - \triangle AQD$

$= \dfrac{1}{2}S - \dfrac{1}{5}S - \dfrac{1}{8}S$

$= \dfrac{20-8-5}{40}S = \dfrac{7}{40}S$

よって,

BP : PQ : QD = △APB : △APQ : △AQD

$= \dfrac{1}{5} : \dfrac{7}{40} : \dfrac{1}{8} = 8 : 7 : 5$

---

145 (1) 右の図

(2) $\dfrac{7}{2}$ **cm**

(3) **20 cm**

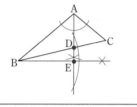

解説 (2) 直線 AC と BE の交点を G とおく。

△ABE∽△AGE (2角相等)である。

よって, ∠ABE = ∠AGE

であるから,

△ABG は,

AB = AG の二等辺

三角形である。

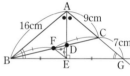

したがって, CG = 16 − 9 = 7 (cm)

また, 二等辺三角形の頂点から底辺にひいた垂線
は, 底辺を2等分するから, BE = EG

△BGC において中点連結定理により,

$EF = \dfrac{1}{2}GC = \dfrac{7}{2}$ (cm)

(3) DE = DF より, △DEF は二等辺三角形だから,

∠DFE = ∠DEF

また, △BGC において中点連結定理より,

EF∥AG

であるから, 平行線の錯角により,

∠DFE = ∠DEF = ∠DCA = ∠DAC

したがって, △DEF∽△DAC
└2組の角がそれぞれ等しい

DF : DC = EF : AC

$= \dfrac{7}{2} : 9$

= 7 : 18

ここで, DF = 7k (k>0) とおくと,

CD = AD = 18k

BC = 2FC = 2(DF + CD) = 50k

とおける。

∠ADB＝2∠DAC＝∠CAB

∠BAD＝∠BCA

により，△ABD∽△CBA であるから，

AB：AD＝CB：CA

16：18k＝50k：9

50×18k^2＝16×9

$$k^2 = \frac{16 \times 9}{50 \times 18} = \frac{4}{25}$$

$$k = \frac{2}{5} \ (>0)$$

したがって，BC＝50k＝50×$\frac{2}{5}$＝20 (cm)

---

146 (1) [証明]　△FSR と △ETU において，

仮定より，

$\quad$ **FR：EU＝2：6＝1：3** …①

$\quad$ **FS：ET＝3：9＝1：3** …②

また，直方体の **6** つの面は長方形で

あるから，

$\quad$ **∠RFS＝∠UET＝90°** …③

したがって，①〜③より，**2** 組の辺

の比とその間の角がそれぞれ等しい

から，

$\quad$ **△FSR∽△ETU**

(2) $\dfrac{13}{10}$ **cm**

解説 (2) 図2の状態のと

き，直線 UR と EF の交

点を O とおく。

OF＝x とおくと，

△ORF∽△OUE より，

$\quad x:(x+6)=2:6$

$\quad 2(x+6)=6x$

$\quad x=3$ (cm)

U, R, E, 6, 2, F, x, O, 6 （単位：cm）

したがって，水の量は，

$$\frac{1}{3} \times \left(\frac{1}{2} \times 6 \times 9\right) \times 9 - \frac{1}{3} \times \left(\frac{1}{2} \times 2 \times 3\right) \times 3$$

（△ETU　OF　△RFS　OF）

＝81−3＝78 (cm³)

よって，JF×6×10＝78 より，

$\quad$ JF＝$\dfrac{13}{10}$ (cm)

---

147 (1) **2：3**　(2) **3：2**　(3) **19：6**

解説 (1) 点 A, C から，直

線 BE に垂線 AH₁, CH₂ を

ひく。

AH₁⊥H₁H₂,

CH₂⊥H₁H₂ より，

AH₁∥CH₂ であるから，

$\quad$ △AH₁E∽△CH₂E

$\quad$ △APB：△BPC＝AH₁：CH₂

$\qquad$ ＝AE：CE

$\qquad$ ＝2：3

(2) △APC：△BPC＝AD：DB　← 底辺を CP とみて 高さの比は AD：DB に等しい

$\qquad$ ＝3：2

(3) △APB：△BPC＝2：3＝4：6 │

　△APC：△BPC＝3：2＝9：6 │ そろえる

よって，

$\quad$ △APB：△APC：△BPC＝4：9：6

したがって，

$\quad$ △ABC：△BPC＝(4+9+6)：6

$\qquad$ ＝19：6

---

148 (1) $\dfrac{25}{6}$　(2) $\dfrac{12}{5}$　(3) $\dfrac{23}{3}$

解説 (1) △ABP は直角三角形なので，三平方の

定理より，　参考を参照→

$$AP = \sqrt{4^2 + \left(\frac{7}{6}\right)^2} = \sqrt{16 + \frac{49}{36}} = \frac{25}{6}$$

(2)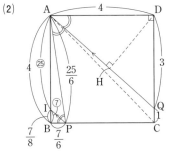

点 P を通り，直線 AQ に平行な直線と，辺 AB

との交点を I とする。

AD∥BC より，平行線の錯角は等しいので，

$\quad$ ∠APB＝∠PAD

同様に AQ∥IP より，∠API＝∠PAQ

ゆえに，∠API＝∠BPI となるので，

角の二等分線の性質より，

$\quad$ AI：BI＝PA：PB＝$\dfrac{25}{6}$：$\dfrac{7}{6}$＝25：7

したがって，BI＝4×$\dfrac{7}{25+7}$＝$\dfrac{7}{8}$

よって，$PI = \sqrt{\left(\frac{7}{6}\right)^2 + \left(\frac{7}{8}\right)^2} = \sqrt{\frac{49}{36} + \frac{49}{64}} = \frac{35}{24}$

また，$\triangle ADH \backsim \triangle PIB$ だから

└─2組の角がそれぞれ等しい

$DH : IB = AD : PI$

$DH : \frac{7}{8} = 4 : \frac{35}{24}$

$\frac{35}{24}DH = \frac{7}{2}$

$DH = \frac{12}{5}$

(3) $PC = 4 - \frac{7}{6} = \frac{17}{6}$

また，$\triangle BPI \backsim \triangle DAQ$ だから，

└─2組の角がそれぞれ等しい

$BP : DA = BI : DQ$

$\frac{7}{6} : 4 = \frac{7}{8} : DQ$

$\frac{7}{6}DQ = \frac{7}{2}$

$DQ = 3$

よって，$CQ = CD - DQ = 4 - 3 = 1$

四角形 $APCQ = \triangle APC + \triangle ACQ$ より，

$\frac{1}{2} \times \frac{17}{6} \times 4 + \frac{1}{2} \times 1 \times 4 = \frac{17}{3} + 2 = \frac{23}{3}$

【参考】

三平方の定理(第7章参照)は，

「∠C＝90°の直角三角形 ABC において，

$AB^2 = BC^2 + CA^2$

が成り立つ。」

という定理である。

得点アップ

角の二等分線の性質

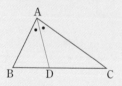

$\triangle ABC$ で，∠BAC の二等分線と辺 BC との交点を D とすると，$AB : AC = BD : DC$

3辺が整数になる特別な直角三角形

 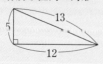

149

(1) $a = \frac{4}{9}$

(2) 点 P の x 座標 $3\sqrt{2}+3$，
$\triangle AOQ = 3\sqrt{2}+3$

(3) 座標… $Q\left(2, \frac{16}{9}\right)$　　面積比…5：4

解説 (1) A$(-3, 4)$

であり，

$y = ax^2$ は点 A

を通るから，

$4 = a \times (-3)^2$

$a = \frac{4}{9}$

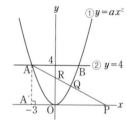

(2) 点 Q が線分 AP の中点となるので，点 P の y 座標は 0，点 A の y 座標は 4 より，点 Q の y 座標は 2 である。点 Q は $y = \frac{4}{9}x^2$ 上の点であるから，

$2 = \frac{4}{9}x^2$　$x^2 = \frac{9}{2}$　$x = \pm\frac{3}{\sqrt{2}} = \pm\frac{3\sqrt{2}}{2}$

点 Q の x 座標は正であるから，

$Q\left(\frac{3\sqrt{2}}{2}, 2\right)$

点 P の x 座標は，

$\frac{3\sqrt{2}}{2} - (-3) + \frac{3\sqrt{2}}{2} = 3\sqrt{2}+3$

　　　点 P の x 座標を
　　　p とおいて，
　　　$\frac{p-3}{2} = \frac{3\sqrt{2}}{2}$
　　　から，p の値を
　　　求めてもよい

直線 AP と y 軸との交点を R とおくと，$\triangle POR \backsim \triangle PA'A$ であるから，

$OR : A'A = OP : A'P$

$OR : 4 = (3\sqrt{2}+3) : (3\sqrt{2}+3+3)$

$OR = \frac{4 \times 3(\sqrt{2}+1)}{3(\sqrt{2}+2)} = \frac{4(\sqrt{2}+1)}{\sqrt{2}(\sqrt{2}+1)} = \frac{4}{\sqrt{2}}$

$= 2\sqrt{2}$

よって，

$\triangle AOQ = \triangle AOR + \triangle QOR$

$= \frac{1}{2} \times 2\sqrt{2} \times \left(3 + \frac{3\sqrt{2}}{2}\right)$

$= 3\sqrt{2}+3$

(3) 直線 AP の方程式は，

$y = \frac{4-0}{-3-6}(x-6)$

すなわち，

$y = -\frac{4}{9}x + \frac{8}{3}$　…③

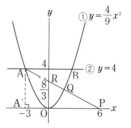

点 Q は，①と③の交点のうち，点 A と異なる点であるから，

$$\frac{4}{9}x^2 = -\frac{4}{9}x + \frac{8}{3}$$

$$(x+3)(x-2) = 0$$

$$x = -3,\ 2$$

よって，$Q\left(2,\ \dfrac{16}{9}\right)$

$$\triangle BQP = \triangle ABP - \triangle AQB$$

$$= \frac{1}{2} \times 6 \times 4 - \frac{1}{2} \times 6 \times \left(4 - \frac{16}{9}\right)$$

$$= 12 - \frac{20}{3} = \frac{16}{3}$$

$$\triangle AOQ = \frac{1}{2} \times \frac{8}{3} \times (3+2) = \frac{20}{3}$$

よって，$\triangle AOQ : \triangle BQP = \dfrac{20}{3} : \dfrac{16}{3}$

$$= 5 : 4$$

6 円周角の定理

150 (1) **130°**　　(2) **16°**

解説 (1)　∠BAC = x とおくと，円周角の定理により，

　　∠BOC = $2x$

四角形 ABDC において，

　$2x = x + 20° + 30°$

　$x = 50°$

よって，∠BOC = 2∠BAC = 100°

したがって，

　　∠BDC = $(360° - 100°) \div 2$

　　　　　　$= 130°$

(2)　円周角の定理により，

　　∠BOC = 2∠BAC = 2∠x

　　∠COD = 2∠CED = 50°

　∠BOD = ∠BOC + ∠COD より

　　　$82° = 2∠x + 50°$

　　　∠x = 16°

151 **119°**

解説 △OBC は OB = OC の二等辺三角形だから，

　　∠OBC = ∠OCB = 61°

四角形 ADCB は円に内接しているから，

　　∠ADC = 180° - ∠ABC

　　　　　$= 180° - 61°$

　　　　　$= 119°$

152 **24°**

解説 点 O と点 A を直線で結ぶ。点 A は円 O の接点であるから，∠OAC = 90°

円周角の定理より，

　　∠AOC = 2∠ABC = 66°

よって，

　　∠ACB = 180° - (90° + 66°) = 24°

153 **27°**

解説 $\overparen{AP} : \overparen{PC} = 2 : 3$ より，

　　∠ABP = $2x$，∠PBC = $3x$ とおける。

△OBC は OB = OC の二等辺三角形であるから，

∠OCB = ∠OBC = 5x
よって,
$$5x + 5x + 90° = 180°$$
$$x = 9°$$
∠PBC = 3x = 3×9° = 27°

---

154 $x = 41$

解説 右の図のようになるので,

$$(180 - x) \times 2 + 27 + 55 = 360$$
$$360 - 2x + 82 = 360$$
$$2x = 82$$
$$x = 41$$

---

155 61°

解説 仮定より, ∠BFC = ∠BEC = 90° であるから, 円周角の定理の逆により, 4点 F, B, C, E は1つの円周上にあり, さらには辺 BC はその直径となっている。点 D は BD = DC となる点なので, この円の中心である。
円周角の定理より,
$$\angle FCE = \frac{1}{2}\angle EDF = \frac{1}{2} \times 58° = 29°$$
△AFC において,
$$\angle x = 180° - (\angle AFC + \angle FCA)$$
$$= 180° - (90° + 29°)$$
$$= 61°$$

---

156 (1) 45°　　(2) 126°

解説 (1) AC∥DB より, 錯角が等しいので,
∠ABD = ∠BAC
よって, $\overparen{AD} = \overparen{BC}$
∠DBA = ∠BAC = 2x とおくと,
∠BCA = 3x とおける。△ABC は
AB = AC の二等辺三角形であるから,
∠ABC = ∠ACB = 3x
したがって, 2x + 3x + 3x = 180°
$$x = \frac{180°}{8}$$
$$\angle BAC = 2x = 2 \times \frac{180°}{8} = \frac{180°}{4} = 45°$$

---

(2) 条件により,
∠AOC = ∠COD = ∠DOE = ∠EOF
　　　　= ∠FOB
で, 180° ÷ 5 = 36°
円周角の定理より, ∠ABC = 36° ÷ 2 = 18°
△OBC は二等辺三角形であるから,
∠OCB = 18°
したがって,
$$\angle x = 180° - (18° + 36°)$$
$$= 126°$$

---

157 [証明]　条件より, 線分 AC は円の直径であるから,
∠ABC = ∠ADC = ∠AEC = 90° …①
△PEC と △PDA と △QBA において,
条件より, **∠BAQ = ∠DAP**
円周角の定理より,
∠DAP = ∠ECP
したがって,
∠ECP = ∠DAP = ∠BAQ …②
①, ②より, 2角がそれぞれ等しいから,
△PEC ∽ △PDA ∽ △QBA
ゆえに, **∠CPE = ∠AQB** であるから, **△CPQ は CP = CQ の二等辺三角形**である。
また, ①より, **CE⊥PQ** であるから, 二等辺三角形の性質により, 頂点から底辺にひいた垂線は, 底辺を **2** 等分するので, **PE = EQ** であることが示された。

---

158 (1) [証明]　$\overparen{BC}$ に対する円周角より
∠BAC = ∠BDC …①
PQ∥CD より, 平行線の同位角は等しいから
∠BDC = ∠BQP …②
∠BAC = ∠BAP であるから, ①, ②より,
∠BAP = ∠BQP
よって, 四角形 **ABPQ** において,

円周角の定理の逆より，

　　4 点 A，B，P，Q は同一円周上にある。

(2) [証明]　⌢AB に対する円周角より

　　　∠ADB ＝ ∠ACB　…③

　　AQ∥BC より，平行線の錯角は等しいから

　　　∠QAP ＝ ∠ACB　…④

　(1)より，⌢PQ に対する円周角は等しいから

　　　∠QAP ＝ ∠QBP　…⑤

　③〜⑤より

　　　∠ADB ＝ ∠QBP

　したがって，錯角が等しいことから

　　　BP∥AD

∠DGH ＝ ∠x ＋ 46°

したがって，△DGH において，

　　(∠x ＋ 26°) ＋ (∠x ＋ 46°) ＋ 40° ＝ 180°

これを解くと，∠x ＝ 34°

---

160 [証明]　△ABE と △EBF において，

　　仮定より，∠ABE ＝ ∠EBF　…①

　　DC∥EF より，

　　　∠BEF ＝ ∠BDC（同位角）

　　また，円周角の定理より，

　　　∠BDC ＝ ∠BAC

　　よって，∠BAE ＝ ∠BEF　…②

　①，②より，2 組の角がそれぞれ等しいので，

　　　△ABE ∽ △EBF

---

159 (1) **12°**　　(2) **34°**

解説 (1)　右の図のように点をとると，直線 ℓ は点 A で円 O に接しているから，

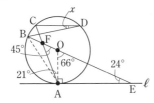

　　∠OAE ＝ 90°

よって，

　　∠EOA ＝ 180° − (90° ＋ 24°)

　　　　　＝ 66°

また，△EAF において，

　　∠AOE ＝ ∠OAF ＋ ∠AFO

　　∠OAF ＝ 66° − 45° ＝ 21°

△OAB は OA ＝ OB の二等辺三角形で，

　　∠OAB ＝ $\frac{1}{2}$∠EOA ＝ 33°

したがって，∠BAC ＝ 33° − 21° ＝ 12°

円周角の定理より，∠CDB ＝ ∠BAC ＝ 12°

(2) 円周角の定理により，

　　∠CBD ＝ ∠CAD

　　　　　＝ ∠x

右の図のように点をとると，

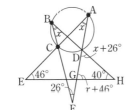

△BFD において，

　　∠GDH ＝ ∠x ＋ 26°

△AEG において，

---

161 $\dfrac{66}{23}$

解説

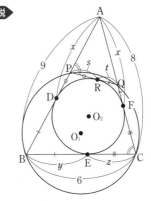

上の図のように，

$$\left.\begin{array}{l} AD ＝ AF ＝ x \\ BD ＝ BE ＝ y \\ CE ＝ CF ＝ z \end{array}\right\}$$ とおくと，

$$\begin{cases} x ＋ y ＝ 9 & \cdots① \\ y ＋ z ＝ 6 & \cdots② \\ z ＋ x ＝ 8 & \cdots③ \end{cases}$$

また，PD ＝ PR ＝ s，QR ＝ QF ＝ t とおく。

③−②より，$x − y ＝ 2$　…④

①＋④より，$2x ＝ 11$　$x ＝ \dfrac{11}{2}$

①より，$y ＝ 9 − \dfrac{11}{2} ＝ \dfrac{7}{2}$

③より，$z ＝ 8 − \dfrac{11}{2} ＝ \dfrac{5}{2}$

円に内接する四角形の性質より，

$\angle APQ = \angle ACB$ …⑤

$\angle A$ は共通 …⑥

⑤，⑥より，$\triangle APQ \infty \triangle ACB$

よって，$\dfrac{AP}{AC} = \dfrac{AQ}{AB} = \dfrac{PQ}{CB}$

$$\dfrac{\frac{11}{2}-s}{8} = \dfrac{\frac{11}{2}-t}{9} = \dfrac{s+t}{6}$$

したがって，$\begin{cases} \dfrac{7}{4}s + t = \dfrac{33}{8} \\ s + \dfrac{5}{3}t = \dfrac{11}{3} \end{cases}$

これを解くと，$s = \dfrac{7 \times 11}{46}$，$t = \dfrac{5 \times 11}{46}$

$PQ = s + t = \dfrac{7 \times 11 + 5 \times 11}{46} = \dfrac{11}{46}(7+5)$

$\qquad\qquad\qquad = \dfrac{66}{23}$

7 三平方の定理

162 (1) **AHC**   (2) **∽**   (3) **HBA**

    (4) a^2 (5) b^2 (6) c^2

163 [証明] $\angle A = \angle B = \angle C = \angle D = 90°$

$SA = PB = QC = RD = b$

$AP = BQ = CR = DS = c$

ゆえに，$\triangle SAP = \triangle PBQ = \triangle QCR$

$\qquad\qquad\qquad = \triangle RDS = \dfrac{1}{2}bc$

また正方形 **PQRS** は 1 辺が a

だから，（正方形 **PQRS**）$= a^2$

正方形 **ABCD** は 1 辺が $(b+c)$ だから，

（正方形 **ABCD**）$= (b+c)^2$

（正方形 **ABCD**）

$= \triangle SAP + \triangle PBQ + \triangle QCR + \triangle RDS$

$+$（正方形 **PQRS**）

よって，$(b+c)^2 = \left(\dfrac{1}{2}bc\right) \times 4 + a^2$

ゆえに，$b^2 + 2bc + c^2 = 2bc + a^2$

したがって，$b^2 + c^2 = a^2$

164 (1) **BD**   (2) **BA**   (3) **CBA**

    (4) **DBA**   (5) **≡**   (6) **BDA**

    (7) **BDKJ**   (8) **ACFG**   (9) **JKEC**

    (10) **BDEC**   (11) CA^2 (12) BC^2

165 (1) $x = \sqrt{5}$ (2) $x = \sqrt{21}$

    (3) $x = \dfrac{9}{4}$，$y = \dfrac{15}{4}$

解説 (1) $x = \sqrt{1^2 + 2^2} = \sqrt{5}$ (cm)

(2) $x = \sqrt{5^2 - 2^2} = \sqrt{21}$ (cm)

(3) $AD = \sqrt{5^2 - 4^2} = \sqrt{9} = 3$

$\triangle ABD \infty \triangle CAD$

より，

$x : 3 = 3 : 4$

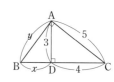

$$4x = 9 \qquad x = \frac{9}{4}$$

$$y : 3 = 5 : 4$$

$$4y = 15 \quad y = \frac{15}{4}$$

$\boxed{166}$ (1) a　　(2) $b-d$　　(3) a

　　　(4) b　　(5) $2bd$　　(6) c

　　　(7) $a^2 < b^2 + c^2$

$\boxed{167}$　$CD = \dfrac{3\sqrt{2}}{2}$,　$DE = \dfrac{3}{2}$

解説　$\overset{\frown}{AD} : \overset{\frown}{CB} = 2 : 1$

であるから,

　　$\angle AOD = 2\angle COB$

　　　　　　$= 60°$

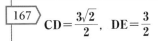

よって, △OAD は正三角形である。

　　$\angle COD = 180° - (60° + 30°) = 90°$

であり, $OC = OD$ であるから, △COD は直角二等辺三角形である。

　　$OA = OD = OC = OB = \dfrac{3}{2}$ より,

　　$CD = \dfrac{3}{2} \times \sqrt{2} = \dfrac{3\sqrt{2}}{2}$

円周角の定理より,

　　$\angle CAB = \dfrac{1}{2}\angle COB = 15°$

であるから, $\angle DAE = 60° - 15° = 45°$

したがって, △DAE も直角二等辺三角形である。

よって, $DE = DA = \dfrac{3}{2}$

$\boxed{168}$　㋐ 鋭角三角形　　㋑ 直角三角形

　　　㋒ 鈍角三角形　　㋓ 鈍角三角形

解説　㋐ 最大辺は, $AB = 7$

　　　$BC^2 = 25$, $CA^2 = 25$, $AB^2 = 49$

　　　$AB^2 < BC^2 + CA^2$

　　　が成り立つ。

　　㋑ 最大辺は, $BC = 5$

　　　$BC^2 = 25$, $CA^2 = 16$, $AB^2 = 9$

　　　$BC^2 = CA^2 + AB^2$

　　　が成り立つ。

　　㋒ 最大辺は, $BC = 2\sqrt{2} + 1$

　　　$BC^2 = 9 + 4\sqrt{2}$, $CA^2 = 9$,

　　　$AB^2 = 9 - 4\sqrt{2}$, $BC^2 > CA^2 + AB^2$

　　　が成り立つ。

　　㋓ 最大辺は, $CA = 3\sqrt{2}$

　　　$BC^2 = 9$, $CA^2 = 18$, $AB^2 = 7$

　　　$CA^2 > BC^2 + AB^2$

　　　が成り立つ。

$\boxed{169}$ (1) $a = 10$　　(2) $x = 30$

解説 (1)　最大辺は $a + 3$ であるから, 三平方の定理より,

　　　$(a + 3)^2 = (a + 2)^2 + (a - 5)^2$

　　これを解くと, $a = 2$, 10

　　最小辺 $a - 5 > 0$ より, $a > 5$

　　したがって, $a = 10$

(2)　最大辺は $(70 + x)$ cm であるから, 三平方の定理より,

　　　$(70 + x)^2 = (30 + x)^2 + (50 + x)^2$

　　　$x^2 + 20x - 1500 = 0$

　　　$(x - 30)(x + 50) = 0$

　　　$x = 30$, -50

　　$x > 0$ より, $x = 30$

$\boxed{170}$ (1) $2\sqrt{2}$ cm　　(2) $2\sqrt{14}$ cm^2

解説 (1)　△OAC ≡ △OBC より, $OA = OB$ であるから, △OAB は直角二等辺三角形である。したがって,

　　　$OA = \dfrac{AB}{\sqrt{2}} = \dfrac{4}{\sqrt{2}} = \dfrac{4\sqrt{2}}{2} = 2\sqrt{2}$ (cm)

(2)　$CA = CB = 6$ cm であるから, △OAC において三平方の定理より,

　　　$CO = \sqrt{6^2 - (2\sqrt{2})^2} = \sqrt{36 - 8} = \sqrt{28}$

　　　　　$= 2\sqrt{7}$ (cm)

　　したがって,

　　　$\triangle OAC = \dfrac{1}{2} \times 2\sqrt{2} \times 2\sqrt{7} = 2\sqrt{14}$ (cm^2)

$\boxed{171}$ (1) $2\sqrt{2}$　　(2) $\dfrac{4\sqrt{2}}{3}$

解説 (1)　点 A から線分 BQ に垂線 AH をひく。△ABH において三平方の定理により,

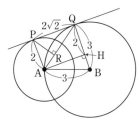

$$AH = \sqrt{3^2 - 1^2}$$
$$= \sqrt{8}$$
$$= 2\sqrt{2}$$
$$= PQ$$

(2) △APQ において三平方の定理により，

$$AQ = \sqrt{(2\sqrt{2})^2 + 2^2} = \sqrt{8+4}$$
$$= \sqrt{12} = 2\sqrt{3}$$

△ARP∽△APQ より，

$$PR : QP = PA : QA$$
$$PR : 2\sqrt{2} = 2 : 2\sqrt{3}$$
$$PR = \frac{2 \times 2\sqrt{2}}{2\sqrt{3}} = \frac{2\sqrt{6}}{3}$$

△PQR∽△AQP より，

$$RQ : PQ = PQ : AQ$$
$$RQ : 2\sqrt{2} = 2\sqrt{2} : 2\sqrt{3}$$
$$RQ = \frac{8}{2\sqrt{3}} = \frac{4\sqrt{3}}{3}$$

したがって，

$$\triangle PQR = \frac{1}{2} \times \frac{2\sqrt{6}}{3} \times \frac{4\sqrt{3}}{3} = \frac{4\sqrt{2}}{3}$$

172 (1) $2\sqrt{13}$ (2) $5\sqrt{2}$ (3) $\sqrt{74}$

点 A を通り，x 軸に平行な直線と，点 B を通り，y 軸に平行な直線の交点を H とし，△ABH において三平方の定理を用いる。

(1) $AB = \sqrt{(1+3)^2 + (4+2)^2}$
$= \sqrt{16+36} = \sqrt{52} = 2\sqrt{13}$

(2) $AB = \sqrt{(5+2)^2 + (-2+3)^2}$
$= \sqrt{49+1} = \sqrt{50} = 5\sqrt{2}$

(3) $AB = \sqrt{(3+2)^2 + (4+3)^2}$
$= \sqrt{25+49} = \sqrt{74}$

173 (1) $6\sqrt{3}$ cm   (2) $12\sqrt{2}$ cm²   (3) 24cm³

解説 (1) △AEG において，

$$AG = \sqrt{AE^2 + EG^2} = \sqrt{36 + EG^2}$$

ここで，△EFG は直角二等辺三角形であるから，

$$EG = 6\sqrt{2} \text{ (cm)}$$
$$AG = \sqrt{36+72} = \sqrt{108} = 6\sqrt{3} \text{ (cm)}$$

(2) ∠AFG = 90° であるから，△AFG は直角三角形，△APF も直角三角形である。

△AFG∽△APF，△AFG∽△FPG であるから，

$$AF : AP = AG : AF$$
$$6\sqrt{2} : AP = 6\sqrt{3} : 6\sqrt{2}$$
$$AP = \frac{72}{6\sqrt{3}} = 4\sqrt{3} \text{ (cm)}$$
$$AF : FP = AG : FG$$
$$6\sqrt{2} : FP = 6\sqrt{3} : 6$$
$$FP = \frac{36\sqrt{2}}{6\sqrt{3}} = 2\sqrt{6} \text{ (cm)}$$

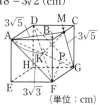

（単位：cm）

よって，$\triangle AFP = \frac{1}{2} \times 4\sqrt{3} \times 2\sqrt{6} = 12\sqrt{2} \text{ (cm}^2)$

(3) 点 M から直線 AG に垂線 MK をひくと，MK⊥DF でもあり，点 K は線分 AG の中点で，MK⊥面 AFP であることがわかる。

$$AK = \frac{1}{2}AG = 3\sqrt{3} \text{ (cm)}$$
$$MK = \sqrt{(3\sqrt{5})^2 - (3\sqrt{3})^2} = \sqrt{18} = 3\sqrt{2} \text{ (cm)}$$

よって，求める体積は，

$$\frac{1}{3} \times \triangle AFP \times MK$$

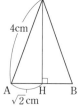

$$= \frac{1}{3} \times 12\sqrt{2} \times 3\sqrt{2} = 24 \text{ (cm}^3)$$

（単位：cm）

174 OM = $2\sqrt{3}$ cm
表面積…$(8\sqrt{7}+8)$ cm²
体積…$\dfrac{16\sqrt{3}}{3}$ cm³

解説 △OAC は正三角形であるから，

$$OM = 2\sqrt{3} \text{ (cm)}$$

△AMB は直角二等辺三角形であるから，

$$AM = 2 \text{ (cm)} \text{ より，}$$
$$AB = 2\sqrt{2} \text{ (cm)}$$

よって，右の図で

$$AH = \sqrt{2} \text{ (cm)}$$
$$OH = \sqrt{4^2 - (\sqrt{2})^2} = \sqrt{14} \text{ (cm)}$$

したがって，

$$\triangle OAB = \frac{1}{2} \times 2\sqrt{2} \times \sqrt{14} = 2\sqrt{7} \text{ (cm}^2)$$

表面積は，

$$4 \times \triangle OAB + (正方形 ABCD)$$
$$= 4 \times 2\sqrt{7} + (2\sqrt{2})^2 = 8\sqrt{7} + 8 \text{ (cm}^2)$$

体積は，$\dfrac{1}{3} \times (正方形 ABCD) \times OM$

$$= \frac{1}{3} \times 8 \times 2\sqrt{3} = \frac{16\sqrt{3}}{3} \text{ (cm}^3)$$

175 (1) $4\sqrt{15}\ \mathrm{cm}^2$ (2) $\dfrac{2\sqrt{11}}{3}\ \mathrm{cm}^3$

解説 (1) 点 O から辺 AC に垂
線 OH をひくと,

$$\mathrm{CH}=2\ (\mathrm{cm})$$
$$\mathrm{OH}=\sqrt{\mathrm{OC}^2-\mathrm{CH}^2}$$
$$=\sqrt{64-4}=2\sqrt{15}\ (\mathrm{cm})$$

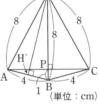

よって,

$$\triangle\mathrm{OAC}=\frac{1}{2}\times4\times2\sqrt{15}=4\sqrt{15}\ (\mathrm{cm}^2)$$

(2) 展開図(一部)をかくと,
右の図のようになる。
AP＋PC の長さが最も短
いのは, 右の図の点 P の
位置にあるときである。

$$\mathrm{OH}'=2\sqrt{15}\ (\mathrm{cm})$$

$\triangle\mathrm{OAH}' \backsim \triangle\mathrm{ABP}$ であるから,

$$\mathrm{OA}:\mathrm{AH}'=\mathrm{AB}:\mathrm{BP}\qquad 8:2=4:\mathrm{BP}$$
$$\mathrm{BP}=1\ (\mathrm{cm})$$

点 P から面 ABC に垂線 PP′, 点 O から面 ABC
に垂線 OO′ をひくと, 点 O′ は △ABC の重心と
一致する。

$$\mathrm{BO}'=\frac{2}{3}\times2\sqrt{3}$$
$$=\frac{4\sqrt{3}}{3}\ (\mathrm{cm})$$

また, $\triangle\mathrm{OO'B}\backsim\triangle\mathrm{PP'B}$ より,

$$\mathrm{BP}':\frac{4\sqrt{3}}{3}=1:8$$
$$\mathrm{BP}'=\frac{4\sqrt{3}}{3}\times\frac{1}{8}$$
$$=\frac{\sqrt{3}}{6}\ (\mathrm{cm})$$

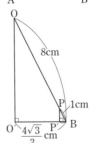

$$\mathrm{PP}'=\sqrt{\mathrm{BP}^2-\mathrm{BP}'^2}$$
$$=\sqrt{1-\frac{1}{12}}$$
$$=\frac{\sqrt{11}}{2\sqrt{3}}=\frac{\sqrt{33}}{6}\ (\mathrm{cm})$$

したがって, 求める体積は,

$$\frac{1}{3}\times\triangle\mathrm{ABC}\times\mathrm{PP}'$$
$$=\frac{1}{3}\times\left(\frac{1}{2}\times4\times2\sqrt{3}\right)\times\frac{\sqrt{33}}{6}$$
$$=\frac{2\sqrt{11}}{3}\ (\mathrm{cm}^3)$$

176 (1) [証明] △ADC と △FDA において,

$$\angle\mathrm{CDA}=\angle\mathrm{ADF}\ (共通)\quad\cdots①$$

円周角の定理より,

$$\angle\mathrm{BCE}=\angle\mathrm{DAF}\quad\cdots②$$

また, ∠ACB は直径に対する円周
角だから,

$$\angle\mathrm{ACB}=90°$$

仮定より, ∠DCE＝90°
であるから,

$$\angle\mathrm{DCA}=90°-\angle\mathrm{BCD}$$
$$\angle\mathrm{BCE}=90°-\angle\mathrm{BCD}$$

よって, $\angle\mathrm{DCA}=\angle\mathrm{BCE}\quad\cdots③$
②, ③より, $\angle\mathrm{DCA}=\angle\mathrm{DAF}\ \cdots④$
①, ④より, 2 角がそれぞれ等しい
ので,

$$\triangle\mathrm{ADC}\backsim\triangle\mathrm{FDA}$$

(2) $\dfrac{3\sqrt{10}}{8}\ \mathrm{cm}$

解説 (2) 点 C から辺
AB に垂線 CH をおろ
す。
△CAH∽△BAC であ
り,

$$\mathrm{BC}=\sqrt{5^2-3^2}=\sqrt{16}=4\ (\mathrm{cm})$$

であるから,

$3:\mathrm{CH}=5:4$ より, $\mathrm{CH}=\dfrac{12}{5}\ (\mathrm{cm})$

$3:\mathrm{AH}=5:3$ より, $\mathrm{AH}=\dfrac{9}{5}\ (\mathrm{cm})$

よって, $\mathrm{DH}=\mathrm{AH}-\mathrm{AD}$

$$=\frac{9}{5}-1=\frac{4}{5}\ (\mathrm{cm})$$

△CDH において三平方の定理より,

$$\mathrm{CD}=\sqrt{\left(\frac{4}{5}\right)^2+\left(\frac{12}{5}\right)^2}=\sqrt{\frac{160}{5^2}}$$
$$=\frac{4\sqrt{10}}{5}\ (\mathrm{cm})$$

(1)より, $\mathrm{CA}:\mathrm{AF}=\mathrm{CD}:\mathrm{AD}$

$$3:\mathrm{AF}=\frac{4\sqrt{10}}{5}:1$$
$$\mathrm{AF}=\frac{3\sqrt{10}}{8}\ (\mathrm{cm})$$

177 $k=6$

解説▶ 点 C は直線

$y=x$ 上にある。また，線分 AB の傾きは，

$$\frac{1-3}{2-0}=-1$$

であることから，AB⊥OP であることがわかる。

直線 AB：$y=-x+3$ と，直線 OC：$y=x$ との交点 P の x 座標は，

$$-x+3=x \text{ より，} x=\frac{3}{2}$$

よって，$P\left(\dfrac{3}{2}, \dfrac{3}{2}\right)$

また，△OPA，△OCH は直角二等辺三角形である。よって，

$$PA=PO=\frac{1}{\sqrt{2}}\times OA=\frac{3}{\sqrt{2}}=\frac{3\sqrt{2}}{2}$$

$$PA:PB=\frac{3}{2}:\left(2-\frac{3}{2}\right)=3:1$$

であるから，$PB=\dfrac{1}{3}PA=\dfrac{\sqrt{2}}{2}$

△PAO＝△PBC より，

$$PA\times PO=PB\times PC$$

$$\left(\frac{3\sqrt{2}}{2}\right)^2=\frac{\sqrt{2}}{2}\times PC \qquad PC=\frac{9\sqrt{2}}{2}$$

したがって，

$$CH=\frac{1}{\sqrt{2}}OC=\frac{1}{\sqrt{2}}(OP+PC)$$

$$=\frac{1}{\sqrt{2}}\left(\frac{3\sqrt{2}}{2}+\frac{9\sqrt{2}}{2}\right)=6=k$$

178 (1) 7 (2) $\dfrac{7\sqrt{3}}{3}$

解説▶ (1) 点 A から辺 BC に垂線 AH をひくと，

$$AH=\frac{\sqrt{3}}{2}AB$$

$$=\frac{3\sqrt{3}}{2}$$

$$BH=\frac{1}{2}AB=\frac{3}{2}$$

よって，$CH=8-\dfrac{3}{2}=\dfrac{13}{2}$

△AHC において，三平方の定理より，

$$AC=\sqrt{\left(\frac{3\sqrt{3}}{2}\right)^2+\left(\frac{13}{2}\right)^2}$$

$$=\sqrt{\frac{27+169}{2^2}}=\frac{\sqrt{196}}{2}=\frac{14}{2}=7$$

(2) 2 点 A, O を直線で結び，円 O との交点を D とおく。円周角の定理より，

$$\angle ACD=90°, \quad \angle ADC=60°$$

よって，$AD=\dfrac{2}{\sqrt{3}}AC=\dfrac{2}{\sqrt{3}}\times 7=\dfrac{14\sqrt{3}}{3}$

したがって，求める半径は，$\dfrac{1}{2}AD=\dfrac{7\sqrt{3}}{3}$

179 (1) ∠A＝60°，∠B＝40°，∠C＝80°
(2) $2\sqrt{3}$

解説▶ (1) $\angle ABD=\angle DBC=x$

$\angle ACE=\angle ECB=y$ とおく。

△PBC において，$x+y=60°$

よって，△ABC において，

$$\angle A+2(x+y)=180°$$

$$\angle A+120°=180° \qquad \angle A=60°$$

円周角の定理より，$\angle QEC=x$

したがって，△ECQ において，

$$x+y+\angle ACQ+20°=180°$$

$$60°+\angle ACQ+20°=180°$$

$$\angle ACQ=100°$$

したがって，$2y=\angle C=180°-100°=80°$

△ABC において，

$$\angle B=180°-(\angle A+\angle C)$$

$$=180°-(60°+80°)=40°$$

(2) 点 B を通る直径 BF をかくと，円周角の定理より，

$$\angle BFC=60°$$

$$\angle BCF=90°$$

したがって，△FBC は，30°，60°，90° の内角をもつ直角三角形である。BC＝6 より，

$$BF=\frac{2}{\sqrt{3}}BC=4\sqrt{3}$$

よって，求める半径は，$2\sqrt{3}$

180 (1) $\dfrac{3}{2}$ (2) $\dfrac{9}{4}$ (3) $\dfrac{5}{2}$

解説▶ (1) 角の二等分線の性質により，

$$AB:AC=BD:DC$$

$$5:3=BD:DC$$

BC = 4 より，CD = $\dfrac{3}{8} \times 4 = \dfrac{3}{2}$

(2) △ABC において，$AB^2 = BC^2 + CA^2$

が成り立つので，△ABC は直角三角形であることがわかる。

$$\triangle ACD = \dfrac{1}{2} \times CD \times AC = \dfrac{1}{2} \times \dfrac{3}{2} \times 3 = \dfrac{9}{4}$$

(3) 角の二等分線の性質により，

$$AE:ED=AB:BD=5:\dfrac{5}{2}=2:1$$

(1)より，△ABD：△ACD = BD：CD

$$= 5:3$$

(2)より，$\triangle ABD = \dfrac{5}{3}\triangle ACD$

$$= \dfrac{5}{3} \times \dfrac{9}{4} = \dfrac{15}{4}$$

したがって，

$$\triangle ABE = \dfrac{2}{3}\triangle ABD = \dfrac{2}{3} \times \dfrac{15}{4} = \dfrac{5}{2}$$

---

181 (1) $h=2$　　(2) $h=-\dfrac{\sqrt{2}}{2}x+4$

(3) $S=-x^2+8\sqrt{2}\,x,\quad x=\dfrac{4\sqrt{2}}{3}$

解説 (1) 右の図で，

$h+2=4$

$h=2$

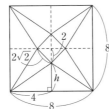

(2) 右の図より，

$h+\dfrac{1}{\sqrt{2}}x=4$

$h=-\dfrac{\sqrt{2}}{2}x+4$

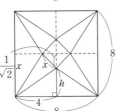

(3) $S=8^2-4\times$（切り取る二等辺三角形）
$-$（底面の正方形）

$$= 64-4\times\dfrac{1}{2}\times8\times h-x^2$$

$$= 64-16h-x^2$$

$$= 64-16\left(-\dfrac{\sqrt{2}}{2}x+4\right)-x^2$$

$$= -x^2+8\sqrt{2}\,x$$

これが，$5x^2$ に等しいから，

$$5x^2=-x^2+8\sqrt{2}\,x \qquad 6x^2-8\sqrt{2}\,x=0$$

$$6x\left(x-\dfrac{4\sqrt{2}}{3}\right)=0 \qquad x=0,\ \dfrac{4\sqrt{2}}{3}$$

$x>0$ であるから，$x=\dfrac{4\sqrt{2}}{3}$

---

182 (1) $DE=\sqrt{13}\,a$

(2) $AH=\dfrac{9\sqrt{13}}{13}a$　　(3) $\dfrac{51}{13}a^2$

解説 (1) △DEC において，

$$DE=\sqrt{(3a)^2+(2a)^2}$$

$$= \sqrt{13}\,a$$

(2) AD∥BC より，

∠DEC = ∠ADH

∠DCE = ∠AHD = 90° より，

△ADH∽△DEC

よって，AD：DE = AH：DC

$$3a:\sqrt{13}\,a=AH:3a$$

$$AH=\dfrac{3a\times3a}{\sqrt{13}\,a}=\dfrac{9\sqrt{13}}{13}a$$

(3) (2)より，△ADH∽△DEC だから，

AD：DE = DH：EC

$$3a:\sqrt{13}\,a=DH:2a$$

$$DH=\dfrac{3a\times2a}{\sqrt{13}\,a}=\dfrac{6\sqrt{13}}{13}a$$

したがって，

$$EH=DE-DH=\sqrt{13}\,a-\dfrac{6\sqrt{13}}{13}a$$

$$= \dfrac{7\sqrt{13}}{13}a$$

（四角形 ABEH）

$$= \triangle ABE + \triangle AEH$$

$$= \dfrac{1}{2}\times3a\times a+\dfrac{1}{2}\times\dfrac{7\sqrt{13}}{13}a\times\dfrac{9\sqrt{13}}{13}a$$

$$= \dfrac{3}{2}a^2+\dfrac{63}{26}a^2=\dfrac{51}{13}a^2$$

---

183 (1) $x=\dfrac{26}{3}$　　(2) $h=12$　　(3) $S=64\pi$

解説 (1) △PCD で，

三平方の定理より，

$$PC=\sqrt{13^2-12^2}$$

$$= 5$$

したがって，

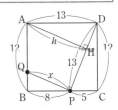

BP $= 13 - 5 = 8$

ここで，$\triangle DPC \backsim \triangle PQB$ であるから，

DP : DC = PQ : PB

$13 : 12 = x : 8$

$x = \dfrac{13 \times 8}{12} = \dfrac{26}{3}$

(2) $\triangle ADH \equiv \triangle DPC$ であるから，

$h = 12$

(3) (2)より，DH = 5 であることもわかる。

よって，

HP $= 13 - 5 = 8$

$\triangle APH$ において，三平方
の定理より，

AP $= \sqrt{12^2 + 8^2} = 4\sqrt{13}$

したがって，求める面積は，

(点 A を中心とし，半径 $4\sqrt{13}$ の円の面積)

$-$ (点 A を中心とし，半径 12 の円の面積)

であるから，

$S = \pi \times (4\sqrt{13})^2 - \pi \times 12^2$

$\quad = 64\pi$

---

184 25π

解説 円の中心を O と
し，内側，外側の円の半
径をそれぞれ r_1，r_2 と
おく。右の図において，

$r_2{}^2 = r_1{}^2 + 5^2$

$r_2{}^2 - r_1{}^2 = 25$

よって，求めるかげの部分の面積は，

$\pi \times r_2{}^2 - \pi \times r_1{}^2 = \pi(r_2{}^2 - r_1{}^2) = 25\pi$

---

185 (1) $\dfrac{5\sqrt{11}}{4}$ cm^2 (2) $\dfrac{11}{2}$ cm

(3) $\dfrac{\sqrt{11}}{2}$ cm

解説 (1) $\triangle ABC$
において辺 AC を
底辺としたときの
高さは，

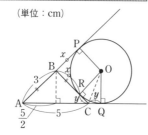

(単位：cm)

$\sqrt{3^2 - \left(\dfrac{5}{2}\right)^2} = \dfrac{\sqrt{11}}{2}$ (cm)

よって，

$\triangle ABC = \dfrac{1}{2} \times 5 \times \dfrac{\sqrt{11}}{2} = \dfrac{5\sqrt{11}}{4}$ (cm^2)

(2) BP = BR，CQ = CR であるから，

BP = BR $= x$，CQ = CR $= y$ とおくと，

AP = AQ より，

$3 + x = 5 + y$ よって，$x - y = 2$ …①

また，CB = BR + CR より，$x + y = 3$ …②

①，②を連立して，$x = \dfrac{5}{2}$，$y = \dfrac{1}{2}$

よって，AP $= x + 3 = \dfrac{5}{2} + 3 = \dfrac{11}{2}$ (cm)

(3) 円 O の半径を r とおく。

$\triangle ABC = \triangle OAB + \triangle OAC - \triangle OBC$

$\dfrac{5\sqrt{11}}{4} = \dfrac{1}{2} \times AB \times OP + \dfrac{1}{2} \times AC \times OQ$

$\qquad\qquad - \dfrac{1}{2} \times BC \times OR$

$\qquad = \dfrac{1}{2} \times 3 \times r + \dfrac{1}{2} \times 5 \times r - \dfrac{1}{2} \times 3 \times r$

$\dfrac{5\sqrt{11}}{4} = \dfrac{5}{2}r \qquad r = \dfrac{\sqrt{11}}{2}$ (cm)

---

186 (1) $2\sqrt{2}$ (2) $\dfrac{2\sqrt{6}}{3}$ (3) $\dfrac{32\sqrt{2}}{27}\pi$

解説 (1) 円の中心
を O とおく。

$\triangle OCD$ において，
三平方の定理より，

CD $= \sqrt{3^2 - 1^2} = \sqrt{8} = 2\sqrt{2}$

(2) 点 A から直線 CD に垂線 AH をひくと，

$\triangle CDO \backsim \triangle CHA$ であるから，

CD : CH = CO : CA

$2\sqrt{2} : CH = 3 : 4$ CH $= \dfrac{8\sqrt{2}}{3}$

CO : CA = OD : AH

$3 : 4 = 1 : AH$ AH $= \dfrac{4}{3}$

よって，DH $= \dfrac{8\sqrt{2}}{3} - 2\sqrt{2} = \dfrac{2\sqrt{2}}{3}$

$\triangle ADH$ において，三平方の定理より

AD $= \sqrt{\left(\dfrac{4}{3}\right)^2 + \left(\dfrac{2\sqrt{2}}{3}\right)^2}$

$\quad = \sqrt{\dfrac{16}{9} + \dfrac{8}{9}} = \dfrac{\sqrt{24}}{3} = \dfrac{2\sqrt{6}}{3}$

(3) 求める体積は，$\triangle AHC$ を1回転した体積から
$\triangle AHD$ を1回転した体積をひけばよい。

$$\frac{1}{3}\pi\times\left(\frac{4}{3}\right)^2\times\frac{8\sqrt{2}}{3}-\frac{1}{3}\pi\times\left(\frac{4}{3}\right)^2\times\frac{2\sqrt{2}}{3}$$

$$=\frac{1}{3}\pi\times\left(\frac{4}{3}\right)^2\times2\sqrt{2}=\frac{32\sqrt{2}}{27}\pi$$

187　(1) $V=\dfrac{16\sqrt{2}}{3}$　　(2) $r=\dfrac{\sqrt{6}}{3}$

　　　(3) $\ell=\sqrt{2}$

解説▶ (1) 辺 CD の中点

を M とおくと，

△MQP∽△MAB

より，

$$PQ=\frac{1}{3}AB=4$$

である。同様にして，

QR = RS = SQ

　　= PR = PS

　　= 4

が導かれ，立体 T は 1

辺の長さが 4 の正四面体

である。

点 P から面 QRS に垂線 PH

をひくと，点 H は △QRS の

重心である。よって，

$$SH=\frac{2}{3}\times2\sqrt{3}=\frac{4\sqrt{3}}{3}$$

$$PH=\sqrt{4^2-\left(\frac{4\sqrt{3}}{3}\right)^2}=\frac{4\sqrt{6}}{3}$$

よって，

$$V=\frac{1}{3}\times\left(\frac{1}{2}\times4\times2\sqrt{3}\right)\times\frac{4\sqrt{6}}{3}$$

$$=\frac{16\sqrt{2}}{3}$$

(2) 球の中心を O とおく。

T の体積は，

4×(三角錐 O−QRS) に等

しいから，

$$4\times\frac{1}{3}\times\left(\frac{1}{2}\times4\times2\sqrt{3}\right)\times r=\frac{16\sqrt{2}}{3}$$

$$r=\frac{\sqrt{2}}{\sqrt{3}}=\frac{\sqrt{6}}{3}$$

(3) T の各辺に接する球は，立体 T の各辺の中点で

接している。辺 QR の中点を M_1，辺 PS の中点

を M_2 とおくと，求める半径は，$\dfrac{1}{2}M_1M_2$ である。

$$M_1M_2=\sqrt{(2\sqrt{3})^2-2^2}$$

$$=\sqrt{8}=2\sqrt{2}$$

したがって，$\ell=\sqrt{2}$

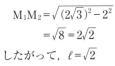

188　(1) $72\sqrt{3}\,\mathrm{cm}^2$　　(2) $72\sqrt{2}\,\mathrm{cm}^3$

　　　(3) $\dfrac{27\sqrt{3}}{2}\,\mathrm{cm}^2$　　(4) $\dfrac{117\sqrt{2}}{2}\,\mathrm{cm}^3$

解説▶ (1)　$\triangle ABC=\dfrac{1}{2}\times6\times3\sqrt{3}$

　　　　　　　$=9\sqrt{3}$ (cm²)

したがって，求める表面積は，

　　$8\times9\sqrt{3}=72\sqrt{3}$ (cm²)

(2) 点 A から面 BCDE に垂線 AH を下ろすと，

△AEC，△AHC は直角二等辺三角形であるから，

EC = $6\sqrt{2}$ より，

AH = $3\sqrt{2}$

したがって，求める体

積は，

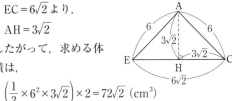

$$\left(\frac{1}{3}\times6^2\times3\sqrt{2}\right)\times2=72\sqrt{2}\ (\mathrm{cm}^3)$$

(3) 切断面は，線分 MN を 1 辺とする正六角形で

ある。中点連結定理より，

　　MN = 3

よって，求める面積は，

$$6\times\left(\frac{1}{2}\times3\times\frac{3\sqrt{3}}{2}\right)$$

$$=\frac{27\sqrt{3}}{2}\ (\mathrm{cm}^2)$$

(4) 切り口は等脚台形

DEMN である。

(四角錐 A−DEMN)

= (三角錐 A−DMN)

　+ (三角錐 A−DEM)

$$=\underbrace{\frac{AM\times AN}{AB\times AC}}\text{(三角錐 D−ABC)}$$
　　　└─底面積の比

$$+\frac{1}{2}\underbrace{\text{(三角錐 D−AEB)}}$$
　　　└─底面積の比

$$=\frac{3\times3}{6\times6}\times\underbrace{\text{(三角錐 A−DBC)}}$$

$$+\frac{1}{2}\underbrace{\text{(三角錐 A−DEB)}}$$　─ 等しい

$$=\left(\frac{1}{4}+\frac{1}{2}\right)\times\text{(三角錐 A−DBC)}$$

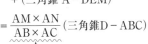

$$= \frac{3}{4} \times \frac{1}{3} \times \left(\frac{1}{2} \times 6 \times 6 \right) \times 3\sqrt{2}$$

$$= \frac{27\sqrt{2}}{2} \ (\text{cm}^3)$$

したがって，求める体積は，(2)より，

$$72\sqrt{2} - \frac{27\sqrt{2}}{2} = \frac{117\sqrt{2}}{2} \ (\text{cm}^3)$$

---

189 (1) $\dfrac{9}{2}$ (2) $6\sqrt{2}$

解説 (1) 線分 AB の長さは一定であるから，

AB＋CD が最小となるのは，CD が最小となる

ときである。

CD の長さが最小となるのは，線分 CD が y 軸に

平行であるときであり，求める面積は，

$$\frac{1}{2} \times \{2 - (-1)\} \times (4 - 1) = \frac{9}{2}$$

(2) $y = 2$ に関して点 A

と対称な点を A′，

$y = -1$ に関して点 B

と対称な点を B′ とお

くと，AC＋CB は，

点 C が線分 A′B 上

にあるときに最小と

なり，AD＋DB は点 D が線分 AB′ 上にあるとき

に最小となる。求める最小値は，A′B＋AB′ であ

るから，

$$\sqrt{(4-1)^2 + (3-0)^2} + \sqrt{(4-1)^2 + \{1-(-2)\}^2}$$
$$= 3\sqrt{2} + 3\sqrt{2} = 6\sqrt{2}$$

---

190 (1) $4:5$ (2) $3:1$ (3) $2:3:3$

解説 正方形の 1 辺の長

さを 1 とおく。

(1) 直線 DC と AM と

の交点を F とおくと，

△MAB ≡ △MFC

DE ＝ x とおくと，

EC ＝ $1-x$

AB∥DF より，

∠BAF ＝ ∠AFE ＝ ∠FAE

したがって，△EAF は二等辺三角形

AE ＝ EF ＝ $(1-x) + 1 = 2-x$

また，△ADE において三平方の定理より，

AE ＝ $\sqrt{1 + x^2}$

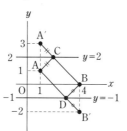

よって，$2 - x = \sqrt{1 + x^2}$

$(2-x)^2 = 1 + x^2$ $x = \dfrac{3}{4}$

したがって，AE ＝ $\dfrac{5}{4}$

AB : AE ＝ $1 : \dfrac{5}{4} = 4 : 5$

(2) (1)より，DE : EC ＝ $\dfrac{3}{4} : \dfrac{1}{4} = 3 : 1$

(3) $S_1 : S_2 : S_3$

$$= \left(\frac{1}{2} \times \text{AB} \times \text{BM} \right)$$
$$: \left(\frac{1}{2} \times \text{EF} \times \text{AD} - \frac{1}{2} \times \text{CF} \times \text{CM} \right)$$
$$: \left(\frac{1}{2} \times \text{AD} \times \text{DE} \right)$$

$$= \left(\frac{1}{2} \times 1 \times \frac{1}{2} \right) : \left(\frac{1}{2} \times \frac{5}{4} \times 1 - \frac{1}{2} \times 1 \times \frac{1}{2} \right)$$
$$: \left(\frac{1}{2} \times 1 \times \frac{3}{4} \right)$$

$$= \frac{1}{4} : \frac{3}{8} : \frac{3}{8} = 2 : 3 : 3$$

---

191 (1) $\sqrt{ab}$ (2) $y = \dfrac{\sqrt{3}}{3}x + \sqrt{3}$

(3) $4\sqrt{3} - \dfrac{4}{3}\pi$

解説 (1) 円の中心 P の座標は，$\left(\dfrac{b-a}{2}, \ 0 \right)$

半径は，$\dfrac{b - (-a)}{2} = \dfrac{b+a}{2}$

△OPD において，三平方の定理より，

$$\left(\frac{b+a}{2} \right)^2 = \text{OD}^2 + \left(\frac{b-a}{2} \right)^2$$

$$\text{OD}^2 = \left(\frac{b+a}{2} + \frac{b-a}{2} \right)\left(\frac{b+a}{2} - \frac{b-a}{2} \right)$$

$$= ab \quad \text{よって，OD} = \sqrt{ab} \ (>0)$$

(2) (1)より，A$(-1, 0)$，B$(3, 0)$，P$(1, 0)$，

D$(0, \sqrt{3})$

△OPD は，30°，60°，90° の内角をもつ直角三角

形である。よって，∠DPB ＝ 120°

したがって，∠CPD ＝ ∠CPB ＝ 60°

∠CDP ＝ ∠CBP ＝ 90°

PD ＝ 2 より，CD ＝ $2\sqrt{3}$

よって，CD ＝ CB より，C$(3, 2\sqrt{3})$

2 点 C$(3, 2\sqrt{3})$，D$(0, \sqrt{3})$ を通る直線の方程式

は，$y = \dfrac{\sqrt{3}}{3}x + \sqrt{3}$

(3) $\triangle CDP = \dfrac{1}{2} \times 2 \times 2\sqrt{3} = 2\sqrt{3}$

（おうぎ形 PDB）$= \pi \times 2^2 \times \dfrac{120}{360} = \dfrac{4}{3}\pi$

求める面積は，$2\sqrt{3} \times 2 - \dfrac{4}{3}\pi = 4\sqrt{3} - \dfrac{4}{3}\pi$

---

192 (1) $\dfrac{\sqrt{15}}{2}$ cm² (2) $\dfrac{4\sqrt{7}}{7}\pi$ cm³

解説 (1) $\triangle CFG$ において，

$CF = 2$ (cm)，$CG = \sqrt{3}$ (cm)

より，$BF = AE = \sqrt{3}$ (cm)

$\triangle AFE$ において，$AE = EF = \sqrt{3}$ (cm)，

$AF = \sqrt{6}$ (cm)

よって，$AB = \sqrt{3}$ (cm)，$AC = 2$ (cm)

$\triangle ACF$ において，底辺を

AF としたときの高さは，

$\sqrt{2^2 - \left(\dfrac{\sqrt{6}}{2}\right)^2} = \dfrac{\sqrt{10}}{2}$

よって，

$\triangle ACF = \dfrac{1}{2} \times \sqrt{6} \times \dfrac{\sqrt{10}}{2} = \dfrac{\sqrt{15}}{2}$ (cm²)

(2) 点 E から線分 AG に垂線 EI を下ろす。

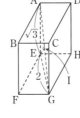

$\triangle AEG = \dfrac{1}{2} \times \sqrt{3} \times 2$

$\qquad = \sqrt{3}$ (cm²)

また，$\triangle AEG$

$= \dfrac{1}{2} \times AG \times EI$

$= \dfrac{1}{2} \times \sqrt{(\sqrt{3})^2 + 2^2} \times EI = \dfrac{\sqrt{7}}{2}EI$ (cm²)

よって，$\dfrac{\sqrt{7}}{2}EI = \sqrt{3}$　$EI = \dfrac{2\sqrt{21}}{7}$ (cm)

したがって，求める体積は，

$\dfrac{1}{3} \times \pi \times EI^2 \times (AI + IG)$

$= \dfrac{1}{3} \times \pi \times \dfrac{4 \times 21}{49} \times \sqrt{7} = \dfrac{4\sqrt{7}}{7}\pi$ (cm³)

---

193 (1) $a = \dfrac{1}{2}$，$b = 12$

(2) P(0, 20)，Q(0, 6)　(3) $5\sqrt{2}$

解説 (1) $\begin{cases} y = ax^2 & \cdots ① \\ y = x + b & \cdots ② \end{cases}$

点 A$(-4, 16a)$ は，②上の点であるから，

$16a = -4 + b$　$\cdots ③$

点 B$(6, 36a)$ も，②上の点であるから，

$36a = 6 + b$　$\cdots ④$

③，④より，$a = \dfrac{1}{2}$，$b = 12$

(2) P$(0, p)$ とおくと，

$AB^2 = AP^2 + BP^2$ より，

$100 + 100 = 16 + (p-8)^2 + 36 + (p-18)^2$

$p = 6, 20$　　よって，P(0, 20)，Q(0, 6)

(3) 円周角の定理の逆により，四角形 APBQ は，直径を AB とする円に内接する。

$AB = \sqrt{200} = 10\sqrt{2}$

よって，求める半径は $5\sqrt{2}$ である。

---

194 (1) $\dfrac{9\sqrt{3}}{2}$ cm² (2) $\sqrt{30}$ cm

解説 (1) $HM = HE = HG = 3$ より，

$ME = EG = GM = 3\sqrt{2}$ なので，$\triangle MEG$ は正三角形である。

点 J は線分 EG の中点なので，$MJ \perp EG$ となる。

よって，

$\triangle MEG$

$= \dfrac{1}{2} \times EG \times MJ$

$= \dfrac{1}{2} \times 3\sqrt{2} \times \dfrac{\sqrt{3}}{2}ME$

$= \dfrac{1}{2} \times 3\sqrt{2} \times \dfrac{\sqrt{3}}{2} \times 3\sqrt{2}$

$= \dfrac{9\sqrt{3}}{2}$ (cm²)

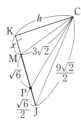

（$\dfrac{\sqrt{3}}{4} \times (3\sqrt{2})^2$ でも求まる）

(2) 点 P は正三角形 MEG の重心なので MP : PJ = 2 : 1

だから，$MP = \dfrac{2}{3}MJ$

$= \dfrac{2}{3} \times \dfrac{\sqrt{3}}{2} \times 3\sqrt{2}$

$= \sqrt{6}$

$PJ = \dfrac{\sqrt{6}}{2}$

$GM = 3\sqrt{2}$

$CJ = \sqrt{CG^2 + GJ^2}$

$= \sqrt{6^2 + \left(\dfrac{3\sqrt{2}}{2}\right)^2} = \dfrac{9\sqrt{2}}{2}$

点 C から線分 MJ の延長に垂線 CK を下ろす。

└ 点 K は辺 MJ 上にはないことに注意

$CK=h$，$KM=x$ とすると，直角三角形 CKM と直角三角形 CKJ で三平方の定理より，

$$x^2+h^2=(3\sqrt{2})^2 \quad \cdots ①$$

$$\left(x+\frac{3\sqrt{6}}{2}\right)^2+h^2=\left(\frac{9\sqrt{2}}{2}\right)^2 \quad \cdots ②$$

② － ①より，　$3\sqrt{6}x=9$

$$x=\frac{\sqrt{6}}{2}，\quad h=\frac{\sqrt{66}}{2}$$

よって，直角三角形 CKP で三平方の定理より，

$$CP=\sqrt{KP^2+h^2}=\sqrt{\left(\frac{\sqrt{6}}{2}+\sqrt{6}\right)^2+\left(\frac{\sqrt{66}}{2}\right)^2}$$

$$=\sqrt{30} \text{ (cm)}$$

⤴ 得点アップ

〈正三角形の面積の公式〉

1 辺が a の正三角形のとき，正三角形の面積 S は　$S=\dfrac{\sqrt{3}}{4}a^2$

---

195 (1) $\dfrac{2\sqrt{6}}{3}$ 　(2) $\dfrac{\sqrt{6}}{2}$ 　(3) **6**

解説 (1) 辺 BC の中点を M とおく。頂点 A から面 BCD に垂線 AH を下ろすと，点 H は △BCD の重心である。

$$MA=MD=\sqrt{3}$$

$$MH=\frac{1}{3}MD=\frac{\sqrt{3}}{3}$$

△AMH において，三平方の定理より，

$$(\sqrt{3})^2=\left(\frac{\sqrt{3}}{3}\right)^2+AH^2$$

$$AH=\sqrt{3-\frac{1}{3}}=\sqrt{\frac{8}{3}}=\frac{2\sqrt{6}}{3}$$

(2) 求める半径を r とおくと，△OHD において三平方の定理より，

$$OD^2=OH^2+HD^2$$

$$r^2=\left(\frac{2\sqrt{6}}{3}-r\right)^2+\left(\frac{2\sqrt{3}}{3}\right)^2$$

$$\frac{4\sqrt{6}}{3}r=4 \qquad r=\frac{\sqrt{6}}{2}$$

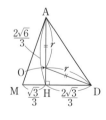

(3) 正四面体 ABCD を点 O を相似の中心として拡大して 4 つの面すべてが球 O に接するような正四面体の各頂点を A′，B′，C′，D′，点 M，H に対応する点をそれぞれ M′，H′ とおくと，

OH′⊥△B′C′D′ で，点 H′ は円 O の接点だから，

$$OH'=\frac{\sqrt{6}}{2}$$

また，

$$OH=\frac{2\sqrt{6}}{3}-\frac{\sqrt{6}}{2}=\frac{4\sqrt{6}-3\sqrt{6}}{6}=\frac{\sqrt{6}}{6}$$

であるから，

$$OH:OH'=\frac{\sqrt{6}}{6}:\frac{\sqrt{6}}{2}$$

$$=1:3$$

したがって，求める正四面体の 1 辺の長さは，

$$2\times 3=6$$

---

196 $2\sqrt{6}$

解説 右の図のように，∠B の二等分線と線分 AD の交点を E とすると，

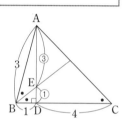

△EBD∽△ACD

└ 2 組の角がそれぞれ等しい

より，

$$ED:AD=BD:CD=1:4$$

でるから，

$$AE:DE=3:1$$

角の二等分線の性質により，

$$BA:BD=AE:DE=3:1$$

であるから，

$$BA:1=3:1$$

$$BA=3$$

$$AD=\sqrt{3^2-1^2}=2\sqrt{2}$$

よって，

$$AC=\sqrt{4^2+(2\sqrt{2})^2}=2\sqrt{6}$$

8 標本調査

197 (1) 標本調査
理由…全てを調査すると，販売する
製品がなくなってしまうため。
(2) 全数調査
(3) 標本調査
理由…全数調査をすると，手間と時
間を要するため。
(4) 全数調査
(5) 標本調査
理由…その河川全ての水を調査する
ことは不可能であるため。
(6) 標本調査
理由…全数調査をすると，多くの手
間と費用がかかるため。

198 (1) いけない。
理由…体育館に来る人は大抵スポー
ツ好きな人が多いので，この
ような人にのみアンケートを
実施しても，母集団の意思を
反映した正しい意見を求める
ことはできない。
(2) いけない。
理由…市電に乗る人は，ふつうはそ
の市電を利用することが多い
ので，このような人だけを対
象にしたアンケートを実施し
ても，市民全体の意見を反映
した結果が得られない。

199 420 匹

解説 養殖池にいるアユの数を x 匹とすると，比
例式は

$x:47=27:3$

└─ 外側の項の積＝内側の項の積

$3 \times x = 47 \times 27$

$x = 423$

十の位までの概数で表すと 420（匹）である。

200 325 個

解説 赤玉がふくまれる割合を，$\dfrac{26}{40}$
として推定すると，

$\dfrac{26}{40} \times 500 = 325$（個）

201 67 個

解説 不良品の割合を，$\dfrac{2}{60}$
として推定すると，

$\dfrac{2}{60} \times 2000 = 66.6\cdots\cdots$

したがって，およそ 67 個

202 60 個

解説 9000 個の製品の中の，不良品の個数を x 個
とすると，比例式は，

$x:9000=2:300$

└─ 外側の項の積＝内側の項の積

$300 \times x = 9000 \times 2$

$x = 60$

よって，9000 個の製品の中に不良品が 60 個ふくま
れていると推測される。

第 1 回　実力テスト

---

1 (1) $(a-b)(x-y)(x+y)$

(2) $(ab-1)(a-b+c)$　(3) $\dfrac{1}{2}$

解説 (1) $x^2(a-b)+y^2(b-a)$

$=x^2(a-b)-y^2(a-b)=(a-b)(x^2-y^2)$

$=(a-b)(x-y)(x+y)$

(2) $a^2b-ab^2+abc-a+b-c$

$=(a^2b-ab^2-a+b)+(ab-1)c$

$=\{ab(a-b)-(a-b)\}+(ab-1)c$

　　　　└─共通因数　└─共通因数

$=(a-b)(ab-1)+(ab-1)c$

　　　└─共通因数　　└─共通因数

$=(ab-1)\{(a-b)+c\}=(ab-1)(a-b+c)$

(3) $\dfrac{\sqrt{3}+\sqrt{2}}{\sqrt{2}}-\dfrac{\sqrt{3}+3\sqrt{2}}{2\sqrt{3}}$

$=\dfrac{(\sqrt{3}+\sqrt{2})\times\sqrt{2}}{\sqrt{2}\times\sqrt{2}}-\dfrac{(\sqrt{3}+3\sqrt{2})\times\sqrt{3}}{2\sqrt{3}\times\sqrt{3}}$

$=\dfrac{\sqrt{6}+2}{2}-\dfrac{3+3\sqrt{6}}{6}=\dfrac{\sqrt{6}+2}{2}-\dfrac{1+\sqrt{6}}{2}$

$=\dfrac{1}{2}$

---

2 (1) $A\left(\dfrac{1}{a},\ \dfrac{1}{a}\right)$, $C\left(-\dfrac{5}{3a},\ -\dfrac{5}{3a}\right)$

(2) ① $a=\dfrac{2}{3}$　② $\dfrac{50\sqrt{2}}{3}\pi$

解説 (1)　放物線①，直線③より，

$ax^2=x$ より，　$ax^2-x=0$

$\qquad x(ax-1)=0$

$\qquad\qquad x=0,\ \dfrac{1}{a}$

点 A は点 O と異なるから $A\left(\dfrac{1}{a},\ \dfrac{1}{a}\right)$

$AO:OC=3:5$ より，$C\left(-\dfrac{5}{3a},\ -\dfrac{5}{3a}\right)$

(2) ①　線分 AB, CD と y 軸との交点をそれぞれ E, F とする。四角形 ABCD は台形で，

$AB=\dfrac{1}{a}\times2=\dfrac{2}{a}$,　$CD=\dfrac{5}{3a}\times2=\dfrac{10}{3a}$,

$EF=\dfrac{1}{a}+\dfrac{5}{3a}=\dfrac{8}{3a}$ だから，

(台形 ABCD)$=\dfrac{1}{2}\times\left(\dfrac{2}{a}+\dfrac{10}{3a}\right)\times\dfrac{8}{3a}=\dfrac{64}{9a^2}$

よって，$\dfrac{64}{9a^2}=16$

$\qquad\qquad a^2=\dfrac{4}{9}$

$a>0$ より，$a=\dfrac{2}{3}$

② (2)①より，

$A\left(\dfrac{3}{2},\ \dfrac{3}{2}\right)$, $B\left(-\dfrac{3}{2},\ \dfrac{3}{2}\right)$, $C\left(-\dfrac{5}{2},\ -\dfrac{5}{2}\right)$,

$D\left(\dfrac{5}{2},\ -\dfrac{5}{2}\right)$

とわかる。

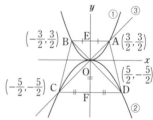

上の図のようになるので，点 A, B, C, D の座標より，$AC \perp OD$ とわかる。

点 B を直線 AC に関して対称移動した点は，線分 OD 上にあるので，四角形 ABCD を直線 AC を軸として回転してできる立体は，$\triangle ACD$ を直線 AC を軸として回転してできる立体と等しい。

つまり，求める体積は，$\triangle AOD$ を線分 AO を軸として回転してできる円錐の体積と $\triangle COD$ を直線 CO を軸として回転してできる円錐の体積の和になる。

また，y 軸と線分 AB, CD との交点を E, F とすると，

$\dfrac{1}{3}\times\pi\times OD^2\times OA+\dfrac{1}{3}\times\pi\times OD^2\times OC$

$=\dfrac{\pi}{3}\times(\sqrt{2}OF)^2\times\sqrt{2}OE$

$\quad+\dfrac{\pi}{3}\times(\sqrt{2}OF)^2\times\sqrt{2}OF$

　　　└─$\triangle OFD$, $\triangle OEA$, $\triangle OFC$ は直角二等辺三角形

$=\dfrac{\pi}{3}\times2OF^2\times\sqrt{2}\,(OE+OF)$

$=\dfrac{\pi}{3}\times2\times\left(\dfrac{5}{2}\right)^2\times\sqrt{2}\left(\dfrac{3}{2}+\dfrac{5}{2}\right)=\dfrac{50\sqrt{2}}{3}\pi$

---

3 5：9，3 倍

解説 $\triangle ABP \backsim \triangle CDP$ であるから

　　└─2 組の角がそれぞれ等しい

$PA:PC=1:3$ より

AB：CD＝1：3 である。

また，OA：AB＝7：3 であるから，

　OA：AB：CD＝7：3：9

よって，OA＝7k (k＞0) とおくと，

　AB＝3k，CD＝9k

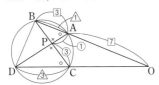

また，△OAD∽△OCB であるから，

　└2 組の角がそれぞれ等しい

　OA：OD＝OC：OB

OC＝x とおくと，

　$7k : (x+9k) = x : (7k+3k)$

　$x^2 + 9kx = 70k^2$

　$x^2 + 9kx - 70k^2 = 0$

　$(x+14k)(x-5k) = 0$

　$x = -14k,\ 5k$

　$k＞0$，$x＞0$ だから，

$x = 5k$

　└OC の長さ

よって，

　OC：CD＝5k：9k＝5：9

また，△OAC∽△ODB であるから，

　└2 組の角がそれぞれ等しい

　OA：OD＝7k：14k

　　　　　＝1：2

面積比は，

　△OAC：△ODB＝$1^2 : 2^2$

　　　　　　　└相似比の 2 乗

　　　　　　　＝1：4

四角形 ABDC の面積＝$(4-1)$△OAC＝3△OAC

四角形 ABDC の面積は △OAC の $3 ÷ 1 = 3$（倍）

⒜ 得点アップ

　OA：AB：CD という 3 つの線分の長さの比がわかっているとき，各線分の長さは，1 つの文字 k を用いて表すことができる。

---

4 ⑴ **7：5：16**　　⑵ **3：35**

解説

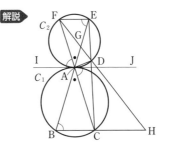

⑴　点 A における共通接線 IJ をひく。

　△ABC と △AEF において，

　対頂角は等しいので，∠BAC＝∠EAF　…①

　対頂角は等しいので，∠FAI＝∠CAJ　…②

　接線と弦の作る角の定理より，

　　∠FAI＝∠AEF　…③

　　∠CAJ＝∠ABC　…④

　②〜④より，

　　∠ABC＝∠AEF　…⑤

　①，⑤より，2 組の角がそれぞれ等しいので，

　　△ABC∽△AEF

　ゆえに，AB：AE＝BC：EF＝4：3　…(i)

　また，△GBH と △GEF において，

　対頂角は等しいので，∠BGH＝∠EGF　…⑥

　⑤より，∠GBH＝∠GEF　…⑦

　⑥，⑦より，

　　△GBH∽△GEF

　ゆえに，GB：GE＝BH：EF＝9：3＝3：1　…(ii)

　(i)，(ii)より，

　　AB：AE：BE＝4：3：(4+3)＝4：3：7

　　GB：EG：BE＝3：1：(3+1)＝3：1：4

　　　　　　└BE が同じなので，7 と 4 の最小公倍数 28 になるように比をあわせる

　　AB：AE：BE＝16：12：28

　　GB：EG：BE＝21：7：28

　よって，

　　EG：GA：AB＝7：(12−7)：16＝7：5：16

⑵　△GBH∽△GEF より，

　　HG：FG＝GB：GE＝3：1　…(iii)

　　△DHC∽△DFE より，

　　　└2 組の角がそれぞれ等しい

　　HD：DF＝CD：DE＝5：3　…(iv)

　(iii)，(iv)より，

　　HG：FG：FH＝3：1：(3+1)＝3：1：4

　　HD：DF：FH＝5：3：(5+3)＝5：3：8

　　　　　　└FH が同じなので，4 と 8 の最小公倍数 8 になるように比をあわせる

　　HG：FG：FH＝6：2：8

$HD : DF : FH = 5 : 3 : 8$

よって，

$FG : GD : HD = 2 : (6-5) : 5 = 2 : 1 : 5$

$\triangle GBH$ の面積を S とおくと，

$$\triangle GAD = S \times \frac{GD}{GH} \times \frac{GA}{GB} = S \times \frac{1}{6} \times \frac{5}{21} = \frac{5}{126} S$$

$$\triangle DCH = S \times \frac{DH}{GH} \times \frac{CH}{BH} = S \times \frac{5}{6} \times \frac{5}{9} = \frac{25}{54} S$$

したがって，

$$\triangle GAD : \triangle DCH = \frac{5}{126} S : \frac{25}{54} S = 3 : 35$$

➔ 得点アップ

接弦定理

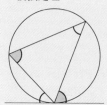

円の接線とその接点を通る弦のつくる角は，その角の内部にある弧に対する円周角に等しくなる。

---

5 (1) $18\sqrt{7}$　　(2) $\dfrac{3\sqrt{7}}{4}$

　　(3) $\dfrac{\sqrt{43}}{3}$　　(4) $\dfrac{11}{12}$

解説 (1) 三平方の定理より，

$AB^2 + BC^2 = 6^2 = 36$ …①

$AB^2 + BF^2 = 5^2 = 25$ …②

$BC^2 + BF^2 = 5^2 = 25$ …③

②より，$AB^2 = 25 - BF^2$

③より，$BC^2 = 25 - BF^2$

したがって，$AB^2 = BC^2$ …④

また，①，④より，

$AB^2 + AB^2 = 36$

$2AB^2 = 36$

$AB^2 = 18$

$AB > 0$ であるから，$AB = 3\sqrt{2}$

②より，$18 + BF^2 = 25$

$BF^2 = 7$

$BF > 0$ であるから，$BF = \sqrt{7}$

よって，求める体積は

$3\sqrt{2} \times 3\sqrt{2} \times \sqrt{7} = 18\sqrt{7}$

(2)

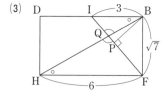

三角錐 $B-AFC$ において，$\triangle AFC$ を底面とすると，高さは線分 BP の長さとなる。

$\triangle AFC$ は $AF = CF$ の二等辺三角形なので，$AC \perp IF$ となるような点 I をとると，

$$AI = \frac{1}{2}AC = \frac{1}{2} \times 6 = 3$$

したがって，線分 IF の長さは，三平方の定理より，

$$IF = \sqrt{AF^2 - AI^2} = \sqrt{5^2 - 3^2} = \sqrt{16} = 4$$

よって，$\triangle AFC = \dfrac{1}{2} \times AC \times IF$

$$= \frac{1}{2} \times 6 \times 4 = 12$$

また，三角錐 $B-AFC$ の体積を $\triangle ABC$ を底面として求めると，

三角錐 $B-AFC = \dfrac{1}{3} \times \triangle ABC \times BF$

$$= \frac{1}{3} \times \left(\frac{1}{2} \times 3\sqrt{2} \times 3\sqrt{2} \right) \times \sqrt{7}$$

$$= 3\sqrt{7}$$

したがって，$\dfrac{1}{3} \times \triangle AFC \times BP = 3\sqrt{7}$

$$\frac{1}{3} \times 12 \times BP = 3\sqrt{7}$$

$$BP = \frac{3\sqrt{7}}{4}$$

(3)

平面 BDHF を考えると，$AC = 6$ より，$HF = 6$

また，点 I は線分 AC の中点なので，$IB = IC = 3$

$\triangle BFH$ において，三平方の定理より，

$BH = \sqrt{BF^2 + HF^2} = \sqrt{(\sqrt{7})^2 + 6^2} = \sqrt{43}$

$\triangle QHF$ と $\triangle QBI$ において，対頂角と平行線の錯角は等しいので，$\triangle QHF \backsim \triangle QBI$

ゆえに，$QH : QB = HF : BI = 2 : 1$

したがって，$BH : BQ = (2+1) : 1 = 3 : 1$

よって，$\sqrt{43} : BQ = 3 : 1$

$$3 \times \mathrm{BQ} = \sqrt{43} \times 1$$

$$\mathrm{BQ} = \frac{\sqrt{43}}{3}$$

(4) (3)の図より，△BPQ は ∠BPQ＝90°の直角三角形。よって，三平方の定理より，

$$\mathrm{PQ} = \sqrt{\mathrm{BQ}^2 - \mathrm{BP}^2} = \sqrt{\left(\frac{\sqrt{43}}{3}\right)^2 - \left(\frac{3\sqrt{7}}{4}\right)^2}$$

$$= \sqrt{\frac{121}{144}} = \frac{11}{12}$$

---

6 (1) (ア) **50**

(イ) 池の魚の総数を x 匹とすると，

比例式は，$x : 20 = 20 : 8$

よって，$8x = 20 \times 20$

$8x = 400$

$x = 50$ （匹）

(2) (ウ) **×**

(エ) 数日後に捕獲する魚の数を増やし，印のついた魚が最低 **1** 匹以上含まれるようにする。

解説 (1) 全数調査を行うには，手間，時間，費用，商品の品質などを考慮すると難しい場合，母集団の一部である標本を調査し，母集団の傾向を推測する。このような調査を標本調査という。本問のように，池の魚の数を 1 匹ずつ数えることは難しいから，標本調査を用いる。

比例式は，$x : 20 = 20 : 8$

└─ 外側の項の積＝内側の項の積

よって，$8x = 20 \times 20$

$8x = 400$

$x = 50$ （匹）

(2) 数日後に捕獲する印のついた魚の数が 0 であると，母集団の傾向を推測することはできない。したがって，印のついた魚を最低 1 匹以上を捕獲しなければならない。

2回 実力テスト

1 (1) $(a+b+c)(a-b-c)$

(2) $(2x+y+3)(2x-y+3)$

(3) $-22\sqrt{6}$ (4) $3\sqrt{3} - \frac{4\sqrt{2}}{3}$

解説 (1) $a^2 - b^2 - c^2 - 2bc$

$= a^2 - (b^2 + c^2 + 2bc) = a^2 - (b+c)^2$

$b + c = X$ とおくと，

$a^2 - (b+c)^2 = a^2 - X^2$

$= (a+X)(a-X)$

$= \{a + (b+c)\}\{a - (b+c)\}$

$= (a+b+c)(a-b-c)$

(2) $(2x+1)^2 - y^2 + 8x + 8$

$= 4x^2 + 4x + 1 - y^2 + 8x + 8 = 4x^2 + 12x + 9 - y^2$

$= (2x+3)^2 - y^2 = \{(2x+3) + y\}\{(2x+3) - y\}$

$= (2x+y+3)(2x-y+3)$

(3) $(3\sqrt{2} - 2\sqrt{3})^2 - (3\sqrt{2} + 2\sqrt{3})^2 + \frac{6(\sqrt{2} - \sqrt{3})}{\sqrt{3}} + 6$

$= (30 - 12\sqrt{6}) - (30 + 12\sqrt{6}) + \frac{6(\sqrt{2} - \sqrt{3})}{\sqrt{3}} \times \frac{\sqrt{3}}{\sqrt{3}} + 6$

$= -24\sqrt{6} + 2\sqrt{3}(\sqrt{2} - \sqrt{3}) + 6$

$= -24\sqrt{6} + 2\sqrt{6} - 6 + 6 = -22\sqrt{6}$

(4) $a^2 + b^2 - c^2 = \left(\frac{3+\sqrt{3}}{\sqrt{2}}\right)^2 + \left(\frac{2-\sqrt{2}}{\sqrt{3}}\right)^2 - (2\sqrt{2})^2$

$= \frac{(3+\sqrt{3})^2}{2} + \frac{(2-\sqrt{2})^2}{3} - 8$

$= \frac{12 + 6\sqrt{3}}{2} + \frac{6 - 4\sqrt{2}}{3} - 8$

$= \frac{36 + 18\sqrt{3}}{6} + \frac{12 - 8\sqrt{2}}{6} - \frac{48}{6}$

$= \frac{18\sqrt{3} - 8\sqrt{2}}{6} = 3\sqrt{3} - \frac{4\sqrt{2}}{3}$

---

2 (1) (ア) $\frac{1}{2}$ (イ) $\frac{1}{2}x^2$ (ウ) $\frac{1}{2}$

(エ) 1 (オ) $-\frac{3}{2}x^2 + 2x - \frac{1}{2}$

(2) $\frac{2}{3}$

解説 (1) 頂点 O を折り曲げたとき，図 1 になるときまでを考えると

図1

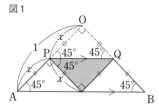

$x + x = 1$ より，$x = \dfrac{1}{2}$ までを考える。

$0 < x < \dfrac{1}{2}$ のとき，

$$S = x \times x \times \dfrac{1}{2}$$

$$S = \dfrac{1}{2}x^2$$

$\dfrac{1}{2} \leqq x < 1$ のとき，図2のようになる。

図2

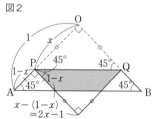

$$S = \dfrac{1}{2}x^2 - \dfrac{1}{2}\{x - (1-x)\}^2$$

$$= \dfrac{1}{2}\{x^2 - (2x-1)^2\}$$

$$= \dfrac{1}{2}\{x^2 - (4x^2 - 4x + 1)\}$$

$$= \dfrac{1}{2}(-3x^2 + 4x - 1)$$

$$= -\dfrac{3}{2}x^2 + 2x - \dfrac{1}{2}$$

(2) (1)より，$0 < x < \dfrac{1}{2}$ のとき，$S < \dfrac{1}{8}$ なので，

$S = \dfrac{1}{2}x^2$ より，$\dfrac{1}{2} \times \left(\dfrac{1}{2}\right)^2$

$S = \dfrac{1}{6}$ となるのは，$\dfrac{1}{2} \leqq x < 1$ のときである。

したがって，$S = \dfrac{1}{2}(-3x^2 + 4x - 1)$ より，

$$\dfrac{1}{6} = \dfrac{1}{2}(-3x^2 + 4x - 1)$$

$$1 = 3(-3x^2 + 4x - 1)$$

$$1 = -9x^2 + 12x - 3$$

$$9x^2 - 12x + 4 = 0$$

$$(3x - 2)^2 = 0$$

$$x = \dfrac{2}{3}$$

---

3 $\dfrac{3}{16}$

解説 円の半径だから，

$$PS = PQ$$

つまり，

$$\triangle OPS : \triangle OPQ = 1 : 1$$

また，

$$\triangle OQS : \triangle OQR = 5 : 4$$

より，

$$\triangle OPQ : \triangle OQR$$
$$= \dfrac{1}{2}\triangle OQS : \triangle OQR = \dfrac{5}{2} : 4 = 5 : 8$$

よって，

$$\triangle OPR : \triangle OQR = (\triangle OPQ + \triangle OQR) : \triangle OQR$$
$$= (5 + 8) : 8$$
$$= 13 : 8$$

点 Q の座標を (t, at^2) とおき，点 Q から y 軸に下ろした垂線を QH，x 軸に下ろした垂線を QK とすると，

$$OP : HQ = \triangle OPR : \triangle OQR = 13 : 8$$
└ $\triangle OPR$，$\triangle OPQ$ は底辺 OR が共通なので，面積比＝高さの比

つまり，$13 : t = 13 : 8$

よって，$t = 8$

$PQ = 13$，$KP = 13 - 8 = 13 - 8 = 5$ より，

$$KQ = \sqrt{13^2 - 5^2} = 12$$

これは，点 Q の y 座標と同じなので，

$$at^2 = 12$$

ここに，$t = 8$ を代入して，

$$64a = 12$$

$$a = \dfrac{3}{16}$$

---

4 (1) $\dfrac{16}{5}$ (2) $\dfrac{8\sqrt{5}}{25}$ 倍 (3) $\dfrac{128}{25}$

解説 (1) $AB = \sqrt{3^2 + 4^2} = \sqrt{25} = 5$

$\angle AED = 90°$ より，
└ 半円の弧に対する円周角は $90°$ である

$$\triangle AED \backsim \triangle ADB$$
└ 2組の角がそれぞれ等しい

$$AD : AB = AE : AD$$
$$4 : 5 = AE : 4$$
$$5AE = 16$$
$$AE = \dfrac{16}{5}$$

(2)

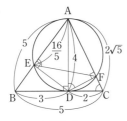

$$AC = \sqrt{2^2 + 4^2} = \sqrt{20} = 2\sqrt{5}$$

また，△AEF と △ACB において，

$\overset{\frown}{AF}$ の円周角より，

$$\angle AEF = \angle ADF \quad \cdots ①$$

$\angle AFD = 90°$ より，

└── 半円の弧に対する円周角は 90° である

$$\angle ADF = 90° - \angle FDC \quad \cdots ②$$

$$\angle ACB = 90° - \angle FDC \quad \cdots ③$$

②，③より

$$\angle ADF = \angle ACB \quad \cdots ④$$

①，④より，

$$\angle AEF = \angle ACB \quad \cdots ⑤$$

共通の角より，

$$\angle EAF = \angle CAB \quad \cdots ⑥$$

⑤，⑥より，2 組の角がそれぞれ等しいので

$$△AEF \backsim △ACB$$

よって，AE : AC = EF : CB

$$\frac{16}{5} : 2\sqrt{5} = EF : 5$$

$$2\sqrt{5}EF = 16$$

$$EF = \frac{16}{2\sqrt{5}}$$

$$EF = \frac{8\sqrt{5}}{5}$$

したがって，線分 EF は線分 BC の

$$\frac{8\sqrt{5}}{5} \div 5 = \frac{8\sqrt{5}}{25} \text{（倍）}$$

(3)　△AEF ∽ △ACB なので，

相似比は，$AE : AC = \frac{16}{5} : 2\sqrt{5}$

面積比は，$\left(\frac{16}{5}\right)^2 : (2\sqrt{5})^2 = \frac{256}{25} : 20$

$$= 64 : 125$$

よって，△AEF : △ACB の面積比より，

$$64 : 125 = △AEF : \frac{1}{2} \times 5 \times 4$$

$$125△AEF = 640$$

$$△AEF = \frac{128}{25}$$

---

5 (1) 範囲…$0 < x \leqq 3$，$7 \leqq x < 10$

$0 < x \leqq 3$ のとき，$S = 4\sqrt{3}x$

$7 \leqq x < 10$ のとき，$S = 4\sqrt{3}(10-x)$

(2) $x = 5 \pm \sqrt{2}$

解説 (1)　線分 BA を延長した直線と，線分 CD を

延長した直線と
の交点を G と
すると，
△GBC は 30°，
60°，90° の内角
を持つ直角三角
形である。

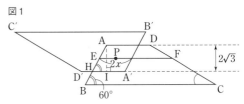

BC = 18 より，

$$GB = \frac{1}{2}BC = 9$$

よって，GA = GB - AB = 9 - 6 = 3

また，AE : EB = 1 : 2 より，

$$AE = \frac{1}{3}AB = 2, \quad EB = \frac{2}{3}AB = 4$$

ここで，△GAD ∽ △GEF ∽ △GBC であるから，

GA : GE : GB = AD : EF : BC

3 : (3+2) : 9 = AD : EF : 18

よって，AD = 6，EF = 10

(i) $0 < 2x \leqq AD$，すなわち $0 < x \leqq 3$ のとき，図1
のように，図形 Z は平行四辺形となる。辺 AB
と辺 A′D′ との交点を H とし，点 A から辺
A′D′ に垂線 AI を下ろす。

図1

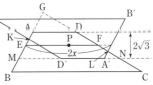

$$\angle AHI = \angle ABC = 60°$$

であるから，△AHI は 30°，60°，90° の内角を
持つ直角三角形である。

$$AH = 2AE = 4 \text{ より，} \quad AI = \frac{\sqrt{3}}{2}AH = 2\sqrt{3}$$

よって，

$$S = A'H \times AI = 2x \times 2\sqrt{3} = 4\sqrt{3}x$$

右の図のよ
うになると
き，辺 AB
と辺 C′D′，
辺 CD と辺

A′B′ の交点をそれぞれ K，L とし，直線 D′A′
と辺 AB，辺 CD との交点をそれぞれ M，N と
おくと，△GAD∽△GMN より

$\quad$ GA：GM＝AD：MN

$\quad$ 3：(3＋4)＝6：MN

よって，MN＝14

(ii) AD＜2x＜MN，すなわち 3＜x＜7 のとき，
辺 AB と辺 C′D′，辺 CD と辺 A′B′ がそれぞれ
交わるので，図形 Z は六角形となり，不適。

(iii) MN≦2x＜20，すなわち 7≦x＜10 のとき，
図2 のように，図形 Z は平行四辺形となる。

図2

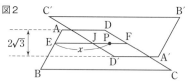

線分 EF と辺 C′D′ との交点を J とすると，

$\quad$ JF＝2PF＝2(EF−EP)＝2(10−x)

よって，

$\quad S＝$ JF$×2\sqrt{3}＝4\sqrt{3}(10−x)$

(2) (1)より，

$0＜x≦3$ のとき，$S＝4\sqrt{3}x$ であるから，

$x＝3$ のとき S は最大で $12\sqrt{3}$ となる。

同様に，$7≦x＜10$ のとき，

$S＝4\sqrt{3}(10−x)$ であるから，

$x＝7$ のとき S は最大で $12\sqrt{3}$ となる。

よって，$0＜x≦3$，$7≦x＜10$ のとき，

$S≦12\sqrt{3}$ であるから，$3＜x＜7$ のときを調べる。

$\quad$ MD′＝MA′−A′D′＝2x−6＝2(x−3)

$\quad$ A′N＝MN−MA′＝14−2x＝2(7−x)

△KMD′，△LA′N はともに 30°，60°，90° の内角
をもつ直角三角形であるから，

$$\begin{aligned}
\triangle\text{KMD}′ &= \frac{1}{2}×\text{MD}′×\frac{\sqrt{3}}{2}\text{KM}\\
&= \frac{1}{2}×\text{MD}′×\frac{\sqrt{3}}{2}×\frac{1}{2}\text{MD}′\\
&= \frac{\sqrt{3}}{2}(x−3)^2
\end{aligned}$$

$$\begin{aligned}
\triangle\text{LA}′\text{N} &= \frac{1}{2}×\text{A}′\text{N}×\frac{\sqrt{3}}{2}\text{LA}′\\
&= \frac{1}{2}×\text{A}′\text{N}×\frac{\sqrt{3}}{2}×\frac{1}{2}\text{A}′\text{N}\\
&= \frac{\sqrt{3}}{2}(7−x)^2
\end{aligned}$$

よって，

$$\begin{aligned}
S &= (\text{台形AMND})−\triangle\text{KMD}′−\triangle\text{LA}′\text{N}\\
&= \left\{\frac{1}{2}×(6＋14)×2\sqrt{3}\right\}−\frac{\sqrt{3}}{2}(x−3)^2\\
&\qquad\qquad\qquad\qquad -\frac{\sqrt{3}}{2}(7−x)^2\\
&= 20\sqrt{3}−\frac{\sqrt{3}}{2}\{(x−3)^2＋(7−x)^2\}\\
&= 20\sqrt{3}−\frac{\sqrt{3}}{2}(x^2−6x＋9＋49−14x＋x^2)\\
&= 20\sqrt{3}−\sqrt{3}(x^2−10x＋29)\\
&= −\sqrt{3}(x^2−10x＋9)
\end{aligned}$$

ゆえに，$−\sqrt{3}(x^2−10x＋9)＝14\sqrt{3}$ より，

$\quad x^2−10x＋9＝−14$

$\quad x^2−10x＋23＝0$

$\quad$ ←解の公式

$\quad x＝5±\sqrt{2}$

これらは $3＜x＜7$ を満たすので，

$\quad x＝5±\sqrt{2}$

③